金盘内参之

千亿密档

顶级楼盘示范区研发、设计、选材解密档案

TOP SECRET OF
PROPERTIES FOR SALE

金盘地产传媒有限公司 策划
广州市唐艺文化传播有限公司 编著

下

中国林业出版社
China Forestry Publishing House

金盘 KINPAN.com
让居住更美好
中国领先的房地产开发平台

金盘内参 ▶▶

TOP SECRET OF PROPERTY RESEARCH

金盘开发平台内部研发参考资料

http://www.kinpan.com/Research

地产研发核武器

金盘内参 -- 建筑

金盘内参 -- 景观

金盘内参 -- 室内

金盘内参 -- 地产

热点
Hotspot

密档
Secret files

系统
System

金盘，以"让居住更美好"作为使命，遵循"创新、品质、人居、价值"四大价值观，在未来 5 年发展成为中国乃至全球领先的房地产开发平台。

金盘简介
Kinpan Information ▶▶

金盘平台涵盖金盘网、金盘奖、金盘周、金盘联、金盘学院、金盘参谋六大板块，旨在利用互联网技术重新整合优质的地产开发资源，重塑开发、土地、设计、工程、材料、金融、购房者之间的关系，创建全新的地产开发模式，为人们营造更美好的居住生活。

金盘内参简介
Kinpan Research Information ▶▶

任何行业对有用的信息资讯都是极度苛求的，地产行业当然也不例外。对于地产研发、设计人员而言，关注行业动态、了解时下研发设计热点、学习优秀设计等是他们的必修课，互联网给他们提供了搜索、获取这些信息的便利，但同时，网上铺天盖地的信息也加大了他们摘取有用信息的难度，有时甚至花费大量时间、精力也未找到自己想要的结果。再者，网上的信息五花八门，缺乏系统性的整理，有些甚至在分享、转载的过程中出现错误、内容消减等情况，从而给了读者错误、失真的资料、信息。此外，网上的研发、设计档案往往不够全面，或者说普遍都没有干货，得不到太多有用的东西。为此，我们推出"金盘内参"，旨在为相关行业人员提供有用的、系统的、清晰的、全面的优质研发、设计档案。

金盘内参包括四方面的内容，分别为：建筑、景观、室内以及地产综合。每个类别我们都提供内部研究专题档案和参考图书两类服务。内部研究专题档案是我们结合时下地产热点，精选一线开发商、知名设计师的作品，整合成热门专题，涉及建筑设计、景观设计、空间设计、地产研发等多方面的内容。参考图书则作为金盘内参的目录册使用，我们从中精选部分项目，为读者提供这些项目未公开的内部研究档案，让读者更深入、更全面地了解项目的研发与设计，从而带来新的视觉和灵感。

金盘内参采用年费消费的模式服务于广大设计师

其收费标准依据顾客选择的版本有所不同

建筑内参

5800 元 / 年

内部研究专题档案

▶ 网红项目研发档案

▶ 特色小镇研发档案

▶ 豪宅户型档案

▶ 创新立面研究

▶ 改善型楼盘主力户型

▶ 城市更新开发档案

▶ 第十三届金盘奖获奖项目档案

……（精彩待续）

景观内参

5800 元 / 年

内部研究专题档案

▶ Top 系列顶级示范区景观档案

▶ 改善型楼盘大区景观档案

▶ 刚需型楼盘大区景观档案

▶ 顶级豪宅大区景观档案

▶ 第十三届金盘奖获奖项目档案

▶ 城市更新景观档案

……（精彩待续）

室内内参

3800 元 / 年

内部研究专题档案

▶ 顶级示范区售楼处分析报告

▶ 精装修交楼标准报告

▶ 自持公寓装修标准档案

▶ 商业综合体空间装修档案

▶ 顶级酒店空间档案

▶ 第十三届金盘奖获奖空间档案

▶ 顶级示范区软装空间档案

……（精彩待续）

地产内参

13800 元 / 年

内部研究专题档案

囊括建筑会员、景观会员、室内会员
的所有专题，并增加以下地产专题。

▶ 地产 100 强 Top 系列产品分析报告

▶ 万科翡翠系研究报告

▶ 龙湖原著系研究报告

▶ 万科、金地自持公寓研发档案

▶ 第十三届金盘奖项目档案

……（精彩待续）

金盘内参 -- 建筑

金盘内参 -- 景观

金盘内参 -- 室内

金盘内参 -- 地产

以上所有服务，您只需通过扫描二维码，选择您需要的内容，付费注册成为会员，

即可轻松享有。同时，会员还将获赠由金盘平台提供的同等价值的专业图书。

示例 Examples ▶▶

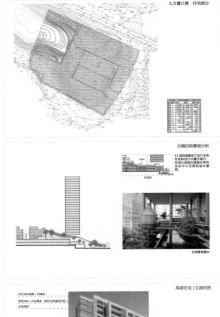

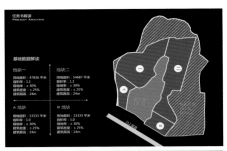

广州华润天合	北京绿地海珀云翡	南京新城源山

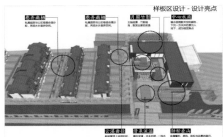

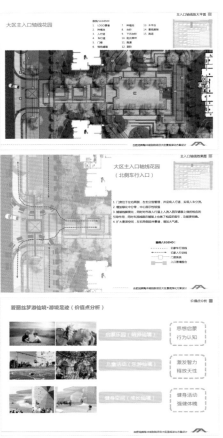

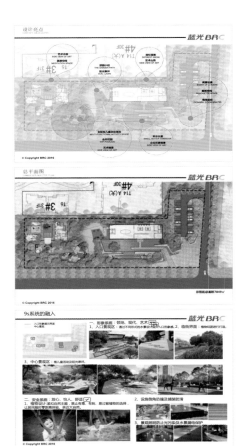

青浦水悦堂展示中心	合肥旭辉陶冲湖别院	昆明蓝光水岸公园

杭州景瑞天赋

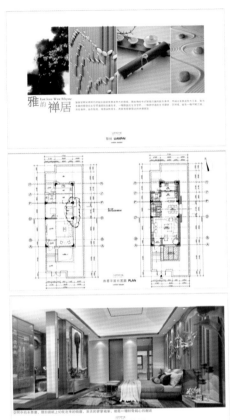

长春万科如园别墅合院

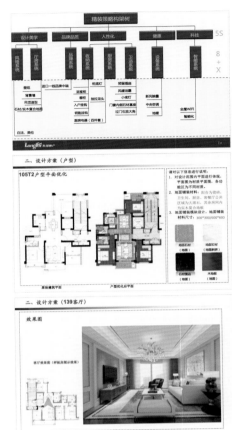

杭州龙湖天璞

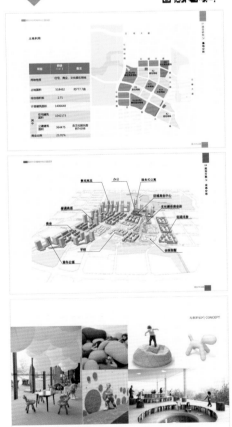

重庆中交中央公园

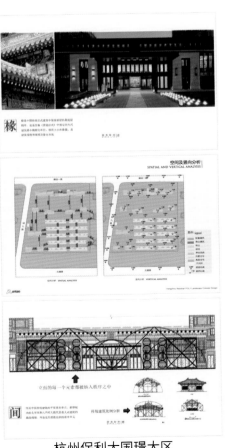

杭州保利大国璟大区

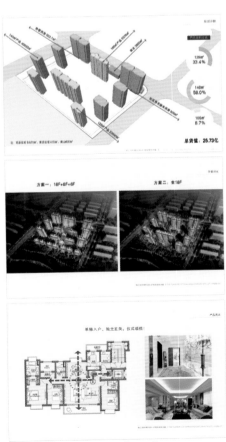

杭州景瑞天赋

千亿房企锻造秘籍

　　据中国指数研究院数据统计，2017 年，中国房企百亿军团扩容至 144 家，16 家房企迈入"千亿俱乐部"。曾经，千亿规模令房企望尘莫及，而未来，1000 亿将是房企的规模分水岭。

　　每一家千亿房企的跃进史均是一部"突围档案"，他们以良好的管理机制、精良的产品、科学的城市布局、严格的风控等在行业中持续飞奔，铸就江湖神话。那么，如何实现高成长？千亿房企"跃进"的秘诀又是什么？

秘诀一：拿地有道——快速发展必先固其"根"本

　　2017 年，房企在规模化竞赛中加速奔跑，各家土储也按下"快进键"，碧桂园、万科、保利、恒大、中海、融创拿地金额突出，成为 top6 拿地大户。从拿地金额来看，无论是千亿房企还是 500~1000 亿房企拿地金额占销售额比重均超 35% 以上。从城市排行榜来看，京津冀、长三角以及珠三角内一、二线城市仍为房企拿地重心。值得关注的是，2017 年房企积极关注重点城市的收并购机会，阳光城以较低成本获取优质土地资源，为规模扩张奠定基础，其中融创等收并购规模名列前茅。

秘诀二：聚焦高能级城市群，推进全国化布局——抢滩市场、对冲风险，进阶必修课

　　在房地产企业的百强榜上，TOP10 企业早已完成高密度的城市布点，几乎所有房企都试图通过各种路径深耕全国化布局。

　　2017 年，碧桂园不仅总拿地金额为全国首位，在布局方面也是以一二三四五线全线布局，力度远超恒大、万科。基于三四线丰厚的土储，三四线城市的贡献率达一半以上，碧桂园成为一线城市限购信贷间接受益者、三四线城市势头强劲的直接受益者。

　　融创自 2016 年后加快全国化扩张，广深、海南、华中等区域先后以收并购或招拍挂拿地进入，尤其在收购万达文旅系列项目后，进一步强化了一二线城市的市场占有率。

　　保利地产坚持以北、上、广等国家中心城市为核心的城市群区域布局策略，深耕珠三角、长三角和京津冀城市群，重点获取城市群内一二线城市优质资源，同时紧跟国家经济战略走向，逐步延伸至中部、西部、海峡西岸等国家重点发展区域，全国化城市布局持续升级。

秘诀三：多元拓展——资源整合，寻找下一个风口

除了在住宅领域积淀多年的综合实力之外，千亿房企在资源储备、业务拓展、变革转型方面也富有先发优势，为未来的可持续发展奠定了坚实的基础。

2017 年是恒大完成由"房地产业"向"房地产＋服务业"转型的起始点，经历了八年探索和试错，恒大对多元产业的发展思路已经明确，即以民生地产为基础，锁定健康、文化旅游、金融三大服务领域，形成"房地产＋服务业"产业格局，不再进入新的领域。

在万科"万亿大万科"计划里，万科已经计划将旗下创新业务各自打包独立为新公司，计划进行内部评测与选拔，让表现相对成熟的创新业务去吞并表现平平的业务。同时，新业务也在构想上市梦，万科物流地产、物业服务、商业集团、教育集团、养老地产现在都在未来计划的上市名单中。

华夏幸福独特的产业新城模式，使其最大程度上把握了国内这一轮的城市化、产业化发展红利。通过承接核心城市的产业及人口转移，华夏幸福实现了大规模的快速提升，犹如一匹新兴的黑马，开始狂飙突进。

绿城在"一体四翼"架构基础上，把"生活服务"放在了企业的重要战略位置，形成以绿城中国为主体，绿城房产、绿城管理、绿城资产、绿城小镇、绿城生活五大业务板块综合发展的"一体五翼"新格局，从"创造城市的美丽"延伸至"创造生活的美好"，助力绿城中国转型成为"理想生活综合服务商"第一品牌。

中海以中高端住宅业务为重点，多元化发展，中海地产拥有"中海系"甲级写字楼、"环宇城"购物中心、星级酒店三大产品线，遵循"统一业权、持有运营"的经营原则实施品牌化管理。

秘诀四：拓展中高端市场，创造"美好生活"

2017 年，全国各地房地产市场都呈现出一个共同趋势，即从"物质文化需要"到"美好生活需要"的改变，城市居民对房屋的要求从"居住"变成"生活"。标杆企业均从创造"美好生活"为切入点，契合大势及时升级产品和服务，从而取得理想业绩和实现较快增长。

比如，碧桂园定位主流刚改，热销产品中刚需及改善型户型共占接近 80%，90~140 m² 改善型项目成为占比最多产品，业绩贡献 63.5%。新城形成"启航""乐居""圆梦""尊享"四大系列，满足城市居民差异需求，热销住宅项目多数为中大户型产品，适合首次或升级改善型家庭。超过 20 亿元的热销住宅项目中，90~140 m² 面积段的销售额占比最高，

贡献业绩 56.17%。龙湖注重改善型住宅产品打造，热销项目中，90~140 m² 改善型项目占比近 56%。

融创实施高端精品战略，注重为财富人群提供差异化产品、尊贵性服务。热销项目中，改善性住房及高端精品占比高达 90%，140~200 m² 高端住宅项目贡献高达 40.36%；泰禾"高端精品＋品牌 IP"占领细分市场，北京丽春湖院子以 55.3 亿的网签额成为 2017 年度中国别墅市场、北京别墅市场和北京商品住宅市场"三冠王"。龙湖别墅项目年内获得不俗成绩，在重庆主城区别墅成交金额排名第一，在北京的三个别墅项目分别包揽所在片区别墅销冠，在沈阳别墅项目为其贡献业绩超 20%。

秘诀五：专注打造拳头产品，构建企业发展"护城河"

据统计，中国百强房企中 92% 的企业都在推行产品线系列化和产品标准化开发，每个企业平均有 3.7 条产品线。对此，业内人士分析，在行业发展日趋集中、土地成本日益高企的当下，产品力成为拱卫房地产开发企业快速发展的"护城河"。作为千亿房企，更是要有过硬的"拳头"，才能凌厉出击，战胜对手。诸如恒大养生谷、童世界系列，万科翡翠系，绿地海珀系，保利天悦系，金地风华系，绿城桃花源系……鉴于版面有限，下面举例说明其中三种"拳头"产品。

恒大养生谷创建了"全方位全龄化健康养生新生活、高精准多维度健康管理新模式、高品质多层次健康养老新方式、全周期高保障健康保险新体系、租购旅多方式健康会员新机制"，将打造成为国内规模最大、档次最高、世界一流的养生养老胜地。

金地风华系列开创了房地产界首个 CHINACHIC 建筑元年，以更时尚的东方美学，更文化的舒居体验，更熟悉的风土人情引领中国风尚。金地在宁波、杭州、南京、苏州、沈阳连续推出了"风华大境""风华东方""西溪风华""大运河府""九韵风华"等"风华"系列产品，风靡市场。

新城着力打造的"吾悦广场"凭借商业综合体中的配套住宅及可售小商铺，在 2017 年创造了约占新城控股整体销售额 30% 的销售收入。更重要的是，通过对自持大商业部分的良好运营，"吾悦"品牌效应逐渐发挥，为新城控股获取优质项目、挖掘土地潜能、控制拿地成本提供助力，并可以通过资产证券化来盘活存量资源、降低资金沉淀，实现有质量的稳健增长。

千亿房企的打造离不开以上 5 个秘诀，但秘诀在手，不同开发商又有各自不同的理解。在这里，我们挑选几家有代表性的房企，从其拿地、布局、产品、品牌或运营等几方面策略进行分析。

CONTENS HIGH-END SERIES

目 录 | 改善系列

现代轻奢

新古典

刚需系列

现代轻奢

新古典

现代极简

千亿房企分析报告

SUNAC 融创中国

SUNAC INVESTMENT INC.

2017 年，融创一鸣惊人，业绩大爆发，销售金额达 3620 亿元，同比增速高达 140%，销售排名从 2016 年末的第 7 名一举跃升至第 4 名。时光回到 2012 年，融创刚从区域房企转型成全国化的房企，当年的销售金额仅 315.6 亿元，5 年的时间销售金额增长 10 倍有余。

在融创业绩疯狂增长的背后，是融创战略决策在支撑。在专业人士看来，融创最为关键的优势是将"有限"的资源高效配置在关键的城市，其定位为专注在有"购买力"的城市发展精品项目的战略发挥了优势。简而言之，其成功主要是两个因素：一、公司推动的精品住宅战略，产品定位较为高端；二、项目地段较多位于一线城市的成熟区域，区位优势显著。

区域战略：聚焦核心区域市场

一直以来，融创中国坚持聚焦深耕战略。由于房地产市场有很强的地域性，每个城市的经济、文化等条件不同，进入对应城市的风险也不同。因此，融创中国的城市布局策略有着非常清晰的原则：一线城市、强二线城市以及环一线城市，其区域战略烙印鲜明，业务主要集中于经济活力较强、汇聚能力较强的城市。这样的布局策略一方面能对冲宏观调控的风险，另一方面强化了其业务管理能力。

十多年来，融创中国形成了北京、华北、上海、西南、东南、华中、广深和海南八大区域的全国化布局，进一步完善全国优势布局。融创每进入一个城市都会做深耕，由于对所在城市的深入了解，融创的拿地能力以及项目定位、项目整体运营、营销管理都具备丰富的操作经验，在所进入城市拥有较大的市场影响力和品牌竞争力。

产品战略：倾力打造高端精品住宅

融创自 2003 年成立开始，一直坚持"高端精品"的发展战略，致力于在有竞争力的地段建设有竞争力的楼盘。经过十多年的发展，已经拥有打造高端精品的专业能力及体系，交付了诸多广受赞誉的经典项目，使得公司高端精品缔造者的品牌形象深入人心。"壹号院""桃花源""府系"等标杆产品在全国多个核心城市实现落地，融创所到之处无不是城市高端生活的引领者。

值得一提的是，融创一直坚持具有独特竞争力的定位理念，拒绝同质化。对于每一块土地，融创都尊重其独特属性与价值，根据所在城市的特色，建造能够满足中高端收入居民"终极居所"的高端精品，并寻找最适合的客户，为其定制产品与服务。

长远来看，融创中国在产品定位、产品打造和营销方面的突出能力，为其品牌的塑造以及永续健康的公司运营提供了坚实的基础。

品牌战略：品质与服务并举，持续提升品牌价值

为进一步巩固公司在高端住宅开发及生活营造领域的持续领先能力，融创中国提出"臻生活"高端生活价值体系，从定位体系、品质营造、业主共建、社区文化、服务体系和专属定制六大板块入手，坚持开展"健走未来"、"果壳计划"、"邻里计划"、"我心公益"四大业主品牌活动，通过倡导健康生活、关怀儿童健康成长、促进邻里关系以及提倡关爱弱势群体等方面，贯穿全产品周期和全生活周期，营造专属与融创业主的高端精品社区生活。融创中国在为客户营造更高品质的产品和服务的同时不断扩大品牌影响力，企业品牌价值持续提升，实现了企业的长远发展。

发展战略：稳健与增速并重

除了常规的区域战略和产品战略等因素外，融创中国注重管理层的风险管控能力和风险防范意识，从而在调控已成为常态化的中国房地产市场中，走出属于自己节奏的稳健增长之路。

毋庸置疑，考量中国房地产企业风险把控能力的重要一个方面，就是通过对政策的解读、踏准拿地、销售的节奏。而融创正是精于此道，善于把握宏观调控的时间获取优质土地，从而使土地储备实现逆周期扩张，在将扩张风险降到最低的同时，把企业的规模体量带到一个新的层面。

融创中国在追求利润的同时，也非常注重杠杆率和现金流的管理，管理层从以下 3 个方面严格控制现金流：注重销售回款、严控未付土地款以及严重控制负债率。现金管理中销售回款最重要，融创非常注重制定合理的销售目标，并坚决确保销售目标的完成；管理层力求消除未付土地款对公司资本结构带来的隐性压力，因此在每块新土地获取之前，都要求制定完整的现金流解决方案。除此之外，融创中国严格控制负债率，强劲的销售更使得融创的财务状况在同等规模的中国房企中处于安全无忧的位置。

Longfor龙湖地产

　　龙湖从刚起步、小规模的时候就确立了清晰的价值观和长远规划，早期并不急于扩张，而是耐心十足地深耕重庆，形成了一套完整成熟的产品、管理、人才、文化和营销体系，然后才开始进入其他城市，可以说一"下山"就是高手。在各个城市，龙湖集中于中高端市场的开发，在每一个进入的城市抢占市场份额，提高品牌知名度，立志成为企业领头羊。2017，龙湖地产全年合同销售额1560.8亿元人民币，顺利跻身千亿俱乐部，经营规模和综合实力居中国房地产行业前列。

　　龙湖业绩的爆发，主要在于其精细化的高端产品开发能力在当时风靡全国，区域聚焦策略把握住了环渤海、长三角、中西部区域的重点城市，这些高产能城市让龙湖把握住了快速城市化时期市场旺盛的改善型需求。

布局战略：立足重庆，布局全国，聚焦高潜力城市群

　　龙湖自创建以来，就开始了立足重庆，以中心城市包围区域板块的全国性布局，从北向南、从沿海经济圈中心辐射周边城市群。2017年，龙湖秉承态度积极、决策审慎的投资风格，同时顺应物理距离迅速缩短的都市圈、城市群发展逻辑，积极部署，以合理价格成功新增76幅土地，拓展7个新城市，既覆盖了深圳、香港等一线重镇，亦拓展至合肥、保定、福州、嘉兴、珠海这类环都市圈主力城市。

　　目前，龙湖地产覆盖城市增至33个，全国化布局进一步拓展。同时，应集团"扩纵深，近城区，控规模"的核心战略，项目获取的区位既聚焦一二线城市，也围绕都市圈内城市群适度下沉布局，单项目的开发规模也控制在适当水平，为提升集团可售物业的周转水平奠定良好基础。

　　区域聚焦战略上，龙湖采取单一城市占比优于区域规模增长的策略。具体而言，第一，运用业态与区域的双重平衡实现持续稳步发展，分散产品结构不均衡和区域周期不均衡带来的风险；第二，在少于竞争对手城市布点的情况下运用多业态布局实现领先业务规模；第三，在城市领先与新城市进入产生冲突时，城市领先优于新城市新入。

产品战略：四大主航道业务并进，把握空间与人的生意全域

　　目前，龙湖地产已形成住宅开发销售为核心，商业运营、长租公寓及物业服务四大主航道业务并进的多维布局，并根据市场需求调整不同产品和业态间的比例，既依托现有运营优势，也兼顾细分领域的演进，努力把握空间与人的生意全域。

　　住宅方面，龙湖以高端住宅为主，致力于别墅市场和改善型市场的开发。其别墅高端系"原著系"，擅长在贵仕地脉上打造城市藏品，其城市高层高端系"天璞系"，精于在繁华城市打造时代品质人居。2017年，围绕高端和改善客户，龙湖在住宅开发上全面提速和创新，一方面满足高净值人群的居住需求，一方面也保证了企业利润。

　　商业作为龙湖的重点业务，主要有三大品牌，从社区到城市，构筑综合性全家庭生活平台。三大品牌分别为：社区生活配套型购物中心品牌"星悦荟"、中高端家居生活购物中心品牌"家悦荟"、针对中等收入家庭的区域购物中心品牌"天街"。未来5年，龙湖将在重庆有两大天街扩容、3大天街新建和3个定位不同的商业体面市。

　　未来，龙湖还将全力以赴发展长租公寓"冠寓"作为战略性业务，并聚焦在北上广深、重庆、成都等12座一线及领先二线城市，进一步提升龙湖的整体商业竞争力和收入水平。

品牌战略：口碑物业，五重景观

　　龙湖一向以"品质"著称，其物业和景观都被誉为业界良心。

　　一直以来，龙湖物业都是龙湖地产广受追捧的"秘密武器"之一，在业内外有口皆碑。龙湖物业是国内第一家公开发布管理和服务标准的物业企业，被誉为"中国物业管理第一品牌"，其完美诠释了"善待你一生"的理念，为"龙民们"营造出了专属的"龙湖式幸福"。

　　龙湖园林也是独步地产界，作为景观里的奢侈品，在业界已经成为一种含金量极高的名片。其独创的"五重景观"体系更是地产行业内景观设计的一个经典样本，被争相模仿。

　　此外，龙湖开发的每个项目都有独特的设计构思和产品设计，并长期坚持与国际设计大师合作，力求体现人性化、艺术化的规划设计。

Tahoe 泰禾

　　2017年底，中国指数研究院发布的《2017年中国房地产销售额百亿企业排行榜》显示，泰禾集团以全年1010亿的销售额位列榜单第15位，成为杀入千亿军团的一匹"黑马"。基于对政策的准确理解和判断，做出前瞻性的战略布局并坚定执行，是泰禾近几年实现快速发展的基础。凭借前瞻布局、特色定位以及产品高附加值，泰禾始终稳扎稳打、持续发力。

拿地战略：前瞻布局，逆势而动

　　2013年，房地产市场急转直下，大多数房企或坐等观望，或转战地价便宜的三四线城市，泰禾却一反常态，选择此时在北京、上海等一线城市大举拿地。2013年之后，当房企重新转回对一线城市的关注时，泰禾已经完成了初步布局。因为土地成本较低，在此后的几年，即便在政策限制之下，泰禾也能"无压力"随时快速出货。面对日益飙升的一线城市地价，泰禾再次逆势而动，抽身招拍挂市场，转投增长期的二线城市以及一线城市的存量市场。前瞻性的布局让泰禾拥有充足的低成本存货，一直闻名业界的高周转和精品战略，助力了这些存货变现的速度。

　　从2016年开始，泰禾集团基本不参加公开市场的招拍挂了，90%都是通过合作并购。收并购拿地，不但大大降低泰禾集团的负债率，也加速了泰禾集团的战略扩张，使其在千亿时代的规模上持续发力，为未来业绩及利润收益的进一步提升打下坚实的基础。

布局战略：扎根福建本土，深耕一线城市

　　在总体布局上，泰禾秉持"扎根福建本土，深耕一线城市"的布局战略，众多高端精品项目分别位于以北京为中心的京津冀，以上海为中心的长三角，以广深为中心的珠三角，福建的福州、厦门、泉州，以及济南、太原、南昌、合肥、武汉、郑州等省会和经济发达地区，契合"京津冀协同发展""一带一路""自贸区"等国家重大战略。

　　其中，泰禾在坚守三大城市群——以北京为中心的京津冀城市群、以上海为中心的长三角城市群以及以深广为核心的珠三角城市群的投资占整体投资的70%，这是最安全的城市布局，从后续增长来看也是最集约化的布局。

品牌战略：多品系同发力，打造企业超级IP

　　泰禾集团秉承"文化筑居中国"的品牌理念，用十年时间潜心钻研中式古典建筑，传承院居人文底蕴，打磨出高端产品线"院子系"产品，将新中式风格和精工品质深刻烙印于市场，形成无可复制、不可超越的超级IP。如今，"谈中式建筑必谈泰禾"已成为行业共识。

　　正是由于品牌和品质所带来的溢价效应，为泰禾的项目形成了价格支撑。差异化产品策略在加码泰禾品牌IP的同时，更使得其项目拥有强大的市场号召力。目前，"院子系"已经布局"十七城三十四院"，声誉远播国内外。其中，泰禾·中国院子四次上榜"亚洲十大超级豪宅"；泰禾·北京院子多次成为"北京别墅销冠"；北科建泰禾·丽春湖院子作为泰禾品牌输出项目，曾连续10个月位居"中国别墅市场销冠"。

　　在"院子系"全国全面布局的同时，泰禾产品系列迅速裂变、全面开花，精心研磨打造了大院系、府系、园系等多条成熟产品线。今年，泰禾还进行了专利发布，品质优势凸显。

拓展战略："泰禾+"加速多元化布局，整合资源

　　"泰禾+"是泰禾为全面提升城市生活品质、业主权益及服务体验而推出的一项全新战略，意在让泰禾业主在充分享受高端居住的同时，一站式解决业主的医疗、教育、购物、社交、文化等全方位生活需求。它整合泰禾自身优质配套资源，是泰禾多元化布局的产物，同时也推进了多元化布局的速度。

　　"泰禾+"战略首先在北京泰禾昌平拾景园项目落地，泰禾教育、商业、文化、医疗等配套将全部以"泰禾自持"的方式提供一站式服务。商业方面，泰禾在北京的首个大型高端城市综合体项目——泰禾广场将落地昌平拾景园，涵盖高端商务办公、购物中心、精品超市、泰禾影城、餐饮娱乐等多种业态。医疗方面，泰禾医疗打造包括旗舰综合医院、专科医院、健康管理中心及互联网医疗等在内的完善的医疗体系，并通过与国内外领先的医学资源合作，带来先进的诊疗服务。文化方面，泰禾以"院线+剧场"为突破口，推动泰禾文化产业链的延伸与多元化发展。

旭辉集团

旭辉以"长跑者"的稳健姿态著称，近年来保持年均逾40%的复合增长率，特别是2012年上市以来，保持着快速、稳健、均衡的发展，成为中国房企的"优等生"。2017年，旭辉一鼓作气兑现"冲击千亿"的承诺，荣耀跻身千亿房企俱乐部，为二五战略元年画下完美的句点。

"二五战略"：一体两翼，做大做强

"二五战略"从企业整体战略角度可阐释为"一体两翼"，其中"一体"是"主航道战略"，"两翼"是"房地产+"战略和"地产金融化"战略。

未来五年，旭辉一方面要聚焦资源，坚持专业化道路，做强做大房地产主业；另一方面要充分利用主业的资源、平台和优势，在产业链中拓展独立的相关多元化业务，力争向房地产行业投资、开发、运营服务环节纵向延伸，寻找业务增长点和价值实现点，开启宏大的"房地产+"战略，将触角伸向商业管理、物业与社区服务、教育、公寓租赁、EPC（住宅产业化）和工程建设"六小龙"，并逐步向独立化、市场化、资本化转变，以"两翼"支持主业做大做强。

投资经营策略：踏准节奏，稳健均衡，合作共赢

旭辉在投资经营上一贯坚持踏准节奏，充分把握拿地"窗口期"，在市场低谷的时候多拿地，在市场高峰的时候少拿地。旭辉投资坚持三大原则：一是纪律，二是节制，三是理性，对关注的城市进行100%的土地探勘，积极参拍同时谨慎评估、理性出价"量入为出、量力而行"，力求做到"不拿错地，不拿贵地"。同时，旭辉坚持开放的合作战略，除分散风险和资金压力外，力求实现"1+1>2"的优势互补、合作共赢。

此外，旭辉始终秉持"稳健、均衡"的经营理念，不单纯追求速度和规模的增长，而是追求"利润优先"，以平衡"量价利"的策略来实现更低的负债率、更好的盈利能力、更高的产品品质和服务。

布局策略：审慎布局，夯实全国化战略版图

一直以来，旭辉立足上海大本营，坚持"区域聚焦，深耕中国一二线城市"的战略布局，目前已形成华东、华北、华南及华中四大区域全国化布局，进入及深耕31个城市，目标瞄准每个城市的TOP10。

2017年上半年，除了进一步巩固华东和华北布局，旭辉在华中和华南地区也动作频频，不仅以参拍、合作等多种形式在重庆、成都、郑州等华中地区发力，还以"行者旭辉"的形象正式亮相华南，并以全新的粤港大湾区战略与原有的珠三角布局两相呼应，夯实旭辉在华南的战略版图。

未来五年，旭辉不仅关注利润，也要兼顾规模，力争在2020年之前进入行业TOP8，进一步完善全国化布局，从目前的31个大中城市扩展到70个大中城市，实现持续、稳健、有质量的快速增长的"二五计划目标"同时完成全国化战略纵深布局，成为真正意义上的全国化品牌房企。

产品策略：强化刚需，拓展高端

在产品方面，旭辉实行"721产品战略"，即70%为住宅，20%是销售型商办，其余为10%是其他创新类产品。2014年以来，旭辉洞悉市场需求的变化，将刚需与改善型产品比重由之前的8：2逐步调整至5：5，发力中高端改善型市场，以更高品质的产品提升核心竞争力。

2015年起，旭辉推出自身高端产品线"铂悦系"。"铂悦系"产品主张"演绎现代经典、回归生活本源、追求价值延续"，旨在为城市精英人群提供高品质、高品位的生活方式。近年来，旭辉相继推出了苏州铂悦府、苏州铂悦犀湖、上海铂悦滨江、上海铂悦西郊、南京铂悦金陵、南京铂悦秦淮等9个"铂悦系"项目，市场反应相当热烈。

品牌战略：品质生活缔造者，产品风尚引领者

旭辉以成为"品质生活缔造者、产品风尚引领者"为战略目标，梳理了产品管理的三大体系五大标准，并将三好、四化、五全融入到设计人员及产品的DNA中，让产品成为其唯一的代言，成为连接客户的媒介。

除了高品质的追求，旭辉尊重每一块土地的价值，对每一个城市、区域、地块进行深入的研究，洞察客户心理，将地脉与人脉深度结合，针对不同区域定位不同产品，实现对每一块土地精工雕琢的承诺，也逐步形成了T、G、H、L四个产品系，为不同需求的客户打造更完美的家。

现阶段，旭辉集团回归基本面，专注产品力，践行创新科技、住宅产业化、社区养老、E办公等产品理念，深化"生活品质家"价值体系，致力于为客户打造"精工品质、用心服务、有温度的社区"。

同时，旭辉在景观打造上也不余遗力，全面彰显产品价值。纵观目前市场上景观风格和形式的同质化日益加剧，旭辉景观把握趋势、创造流行，将景观与客户需求巧妙融合，以景观"4S"标准，建立全龄人居系统，营造更人性化的生活方式。

结语：今天乃至未来房地产，没有一种模式包打天下，没有一种战略永远保鲜！对于房企来说，抬头看天很重要，但也要埋头做好自己的基本功，不断做大做强，唯有如此，才能在市场峰值时代迎来更大的成就。

本书材料分析

石材

中国黑花岗岩

中国黑花岗岩色黑如墨，做镜面抛光后，光洁度可高达 110 度，光亮照人，故也有"黑镜面"之称。它具有结构致密，抗压性强，防水防磨性能高，耐酸碱、耐气候性好等特点，可以在室外长期使用，多用于室外墙面、地面、柱面装饰等。

金鸡麻花岗石

金鸡麻是原产于巴西的进口石材，颜色金黄，内含颗粒。该石材物理属性较稳定，且质地较硬、没有明显的纹理，大面积使用时比较容易控制质量，加工排版也较易，因此普遍适用于内装、外装的墙和地面。

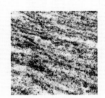

浪淘沙花岗岩

浪淘沙花岗岩富有光泽感，纹理犹如山川般磅礴，装饰于空间，给人气势宏伟之感。作为花岗岩的一员，其具有结构致密、质地坚硬、耐酸碱耐气候性好、容易切割塑造等特点，多用于室外墙面、地面、柱面的装饰等。

黄金麻石材

黄金麻是一种花岗岩，色彩为高贵的金黄色，散布灰麻点，能起到庄重富贵、金碧辉煌的装饰效果。其具有耐腐蚀耐酸碱、硬度密度大、含铁量高、无放射性及研磨延展性好等优点，可做成多种表面效果——抛光、亚光、细磨、火烧、水刀处理和喷沙等。

洞石

洞石因表面有许多孔洞而得名，其学名为凝灰石或石灰华。洞石岩性均一、硬度小、密度小，非常易于开采和运输，是一种用途很广的建筑石材。其色调以米黄居多，并有灰白、米白、金黄、褐色、浅红等多种颜色。丰富的颜色加上独特的纹理，更有特殊的孔洞结构，使洞石具有良好的装饰性能。

黄锈石

黄锈石属于天然花岗岩的一种，具有色泽高贵、光亮晶莹、质地坚硬、耐酸碱耐气候性好、研磨延展性佳等特质。优质的光面黄锈石被界内认为是外墙干挂的首选石种，火烧面和荔枝面所加工成的地铺石、景观石则是景观设计师喜爱的选择。

卡拉麦里金石材

卡拉麦里金因开采于新疆奇台县卡拉麦里地区而得名。该石材底色为浅黄色，黑色色调匀缀其中，美观而又素雅，是很好的饰面花岗岩资源。作为花岗岩，其具有结构致密、质地坚硬、耐酸碱、耐气候性好等特点，可以在室外长期使用。

虎皮黄（黄锈石）

虎皮黄石材属于花岗岩的一种，因石头颜色像虎皮而得名，具有很好的耐水性、耐磨性以及耐久性、保温隔音性能等。其纹理天成，质感厚重，且富有大自然之色彩，常用作室外景观石、路铺石等，起到自然野趣或庄严雄伟的装饰效果。

犀牛白大理石

犀牛白大理石是一种进口石材，其通体洁白、色泽稳定、花色均匀，给人纯洁高雅的观感。因其颜色洁白，质感温和，犀牛白大理石与各种材质、颜色均能协调搭配，适用于各种外墙干挂、内外装饰、别墅精装、酒店背景墙、楼梯踏步等，具有简约大气的装饰效果。

法国木纹大理石

法国木纹大理石色彩纯净，中间夹杂细腻的木质纹理，将石材的大气与木质的温暖充分展现。它犹如胸襟宽广的男儿，又如温婉如玉的女子，刚柔并济、动静皆宜，在不同的建筑风格中表现出不同的气质，如在中式风格中诠释出宁静致远的意境，在现代风格中又显得简约时尚。

爵士白大理石

爵士白是一种进口大理石，其高度还原天然大理石独一无二的表面肌理和色彩，纹理自然流畅，质地组织细密、坚实，层次感丰富，色泽光洁细腻，不同表面质感可展现多样风格效果，被应用于高端室内空间的墙地面、装饰、构件、台面板、洗手盆、雕刻等。

雅柏灰大理石

雅伯灰大理石以浅灰色为主基调，低调而又彰显大气，其优美的自然纹理错综不一、层次丰富，呈现散淡疏野的自然形象，似一幅灵动的山水墨迹。雅伯灰大理石多用于室内墙面、地面和背景墙等，营造出宁静典雅的空间氛围。

雅安汉白玉

雅安汉白玉因出产于四川雅安而得名。汉白玉实际上就是纯白色的大理石，其通体洁白，内含闪光晶体，华丽如玉，给人一尘不染和庄严肃穆的美感。从中国古代开始，汉白玉就经常被用来制作华贵建筑的石阶和护栏，也多用于雕塑人像、佛像、动植物像等。

维纳斯灰大理石

维纳斯灰大理石是源于土耳其的高端石材，其结构致密，质地细腻，纹路虽不规则但柔和，白色渗入灰底中，灰白两色过渡自然，相渗相容，给人自然和谐的舒适之感。维纳斯灰石材堪称灰色石材中的佼佼者，主要用于各种高档大气的建筑空间。

比萨灰大理石

比萨灰大理石板材为高饰面材料，主要用于建筑装饰等级较高的建筑物。其色泽纯粹自然，冷色系的灰色彰显质朴、宁静，白色花纹坠于其上，犹如点点白雪。比萨灰主要用于高端的室内空间，能达到高贵典雅的装饰效果。

西班牙米黄大理石

西班牙米黄是西班牙最富盛名的天然大理石之一，其底色为米黄色，纹理中夹着少量细微红线，产品有着较好的光度。西班牙米黄大理石温润的质感、柔和的色彩，使其成为优雅空间的最佳搭配，适用各种公共和家居空间，尤其是高端场所。

白金摩卡石材

白金摩卡是一种大理石板材，具有刚性好、硬度高、耐磨性强、温度变形小等优点，其颜色白中偏黄，高贵却不张扬。白金摩卡石材通常作为高档建筑的外立面材料，能够增加建筑立体感，赋予建筑硬朗的形象。

直纹白玉

直纹白玉属于大理石，表面纹理细腻，呈现为浅蓝色与白色条纹相互交织，层次感分明，犹如悠远的海洋。表面质感温润如玉，并且清亮如水，给人一种舒适清亮的自然感。产品多运用于家居的卧室、浴室、阳台与公共空间，如餐厅、会所等工装渠道的整体空间铺贴。

石 材

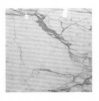

鱼肚白

鱼肚白是意大利开采的一种白色大理石，其通体洁白，带有灰色的纹理，被定位为高档奢贵的大理石品种，能达到高雅清新的装饰效果，广泛运用在高级酒店、高档别墅、商业空间、休闲娱乐场所等。

紫山水石材

紫山水是大理石的一种类型，因其颜色多为紫红色，纹理像山川河流而得名。该石材颜色变化较大，且每块石头的纹路变化都不一样，因此不适合大面积使用，一般都是用来做背景墙、台面或者点缀之用。

葡萄牙米黄石材

葡萄牙米黄是一种进口砂岩，产自葡萄牙，纹路颜色为金黄色，板面小米粒均匀分布。因为具有柔和的色泽、均匀的质地、美观大方、天然环保等特点，其被广泛应用在园林景观、建筑花园、居家装潢等各个装饰领域，常被用于高端场所及空间。

保加利亚沉香米黄

保加利亚沉香米黄，又称莱茵米黄，属于石灰石的一种。其颜色介于白色和米黄色之间，素雅耐看；质感温润细腻，古朴高雅。此外，沉香米黄石材还具有密度高、裂纹少、韧性足等特点，不仅经久耐用，且易仿型造型，是一种极佳的外墙干挂石材。

木 材

柚木

柚木被誉为"万木之王"，经历海水浸蚀和阳光暴晒却不会发生弯曲和开裂，是世界公认的著名珍贵木材。柚木密度及硬度较高，不易磨损，其富含的铁质和油质可以防虫、防蚁、防酸碱，使之能够防潮耐腐、不易变形，且带有一种自然的醇香。此外，柚木具有独特的天然纹理，它的刨光面能通过光合作用氧化成金黄色，且颜色随着时间的推移愈加美丽。

铁椿影木

铁椿影木主要生产于缅甸，其硬度适中，易于加工；木质稳定，不易开裂；纹理美观大方、细腻精致；色调淡雅自然，具有光泽；表面光洁、油漆性好……是一种环保健康的优质木材，适用于木门、地板、家具、室内装修等。

竹木

竹木是竹材与木材的复合再生产物，主要用于住宅、写字楼等场所的地面装修。竹木地板通常采用上好的竹材作为面板和地板，其芯层多为杉木、樟木等木材，一方面它具有竹子自然的颜色、特殊的纹理，另一方面又拥有木材的稳定性能好、结实耐用等特点，能使居室环境更舒爽、更古朴自然。

塑 料

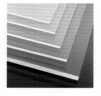

亚克力

亚克力，又叫 PMMA、有机玻璃，化学名称为聚甲基丙烯酸甲酯，是一种开发较早的重要可塑性高分子材料，具有较好的透明性、化学稳定性和耐候性、易染色、易加工、外观优美，在建筑业中有着广泛的应用。

玻璃钢

玻璃钢，学名为纤维增强塑料，是一种由树脂、玻璃纤维及其他辅料按照一定的比例复合而成的复合材料。玻璃钢具有很强的柔韧性和强度、质轻而硬，且具有不导电、性能稳定、机械强度高、耐腐蚀等特点，可以代替钢材制造机器零件和汽车、船舶外壳等。

金 属

铝板

铝板是指用纯铝或铝合金材料通过压力加工制成的获得横断面为矩形板材，国际上习惯把厚度在 0.2 毫米 -500 毫米之间、宽度在 200 毫米以上、长度在 16 米以内的铝材料称之为铝板材或者铝片材。铝板具有质轻、可塑性强、光泽度好以及耐腐蚀性强等特点，用途十分广泛，可通过喷涂、辊涂、阳极氧化、覆膜、拉丝等多种产品技术制成成品，例如孔铝板、幻彩铝板等。

不锈钢

不锈钢，通俗地来说就是不容易生锈的钢铁，是在普通碳钢的基础上加入一组质量分数大于 12% 的合金元素铬，使钢材表面形成一层不溶解于某些介质的氧化薄膜，使其与外界介质隔离而不易发生化学作用，从而保持金属光泽，具有不生锈的特性。不锈钢具有光泽度好、光滑、耐腐蚀、不易损坏等优点，在建筑中被越来越多地使用到，常作为钢构件、室外墙板、屋顶材料、幕墙装饰等。

钛锌板

钛锌板是以锌为主体材料，并在熔融状态下按照一定比例添加铜和钛金属而合成生产的板材。钛锌板拥有独特的色彩和很强的自然生命力，能够很好地应用在多种环境下而不失经典。钛锌板材料的应用已有将近两百年的历史，在欧洲的大城市使用已经非常普遍，在亚洲地区的应用也正在飞速发展，不少建筑都采用其作为屋面材料。

铝合金

铝合金是纯铝加入一些合金元素制成的，比纯铝具有更好的物理力学性能，易加工、耐久性高、适用范围广、装饰效果好、花色丰富。跟普通的碳钢相比，铝合金有更轻及耐腐蚀的性能，是工业中应用最广泛的有色金属结构材料之一。

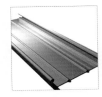

铝镁锰板

铝镁锰板是一种极具性价比的新型材料，被广泛地运用于住宅、大型商场、高铁站、机场航站楼、会展中心、体育场馆、公共服务建筑等地标性建筑的屋面建设。铝镁锰板使用寿命长、环保美观、安装方便，作为屋面材料，其还具有安全稳固、防雷、防坠落等优势。

铜

纯铜是一种柔软的金属，表面刚切开时为带有金属光泽的红橙色，经氧化后表面形成氧化铜模，外观呈紫红色，故常被称为紫铜。铜拥有良好的延展性、导热性和导电性，因此被广泛应用于电气、轻工、机械制造、建筑工业、国防工业等领域。

镀锌钢板

镀锌钢板即表面镀有一层锌的钢板，镀锌能有效地防治钢材锈蚀，延长其使用寿命。镀锌钢板除了具有耐蚀性外，还具有优良的涂漆性、装饰性以及良好的成形性，因此在建筑、家电、车船、容器制造业、机电业等领域被广泛应用。

混凝土

混凝土

混凝土是由胶凝材料、颗粒状集料、水（必要时加入外加剂和掺合料）按一定比例配制，经均匀搅拌、密实成型、养护硬化而成的一种人工石材。混凝土原料丰富、价格低廉、生产工艺简单，同时还具有抗压强度高、耐久性好、强度等级范围宽等特点，因而在建筑业被广泛应用。

玻 璃

磨砂玻璃

磨砂玻璃又叫毛玻璃、暗玻璃，是用普通平板玻璃经机械喷砂、手工研磨或氢氟酸溶蚀等方法将表面处理成均匀表面制成。由于表面粗糙，使光线产生漫反射，透光而不透视，磨砂玻璃可以使室内光线柔和而不刺目，常用于需要隐蔽的浴室、办公室的门窗及隔断等。

彩釉玻璃

彩釉玻璃是将无机釉料（又称油墨）印刷到玻璃表面，然后经烘干、钢化或热化加工处理，将釉料永久烧结于玻璃表面而得到一种耐磨、耐酸碱的装饰性玻璃产品。这种产品具有很高的功能性和装饰性，有不同的颜色和花纹可供选择，也可以根据客户的需求另行设计花纹。

Low-E 中空玻璃

Low-E 中空玻璃是由两片或多片 Low-E 玻璃以内部填充高效分子筛吸附剂的铝框间隔出一定宽度的空间，边部再用高强度密封胶粘合而成的玻璃制品。其镀膜层具有对可见光高透过及对中远红外线高反射的特性，使其比普通玻璃及传统的建筑用镀膜玻璃具有更优异的隔热效果和良好的透光性。

夹绢玻璃

夹绢玻璃也称夹层工艺玻璃，是在两片玻璃间夹入强韧而富热可塑性的多片中级膜、画类、丝类以及定制化图案等而成的，外形美观且极富特色。夹绢玻璃在撞击下不易被贯穿，且破损后其玻璃碎片不易飞散，较普通玻璃更为安全。

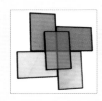

彩色玻璃

彩色玻璃广泛应用于建筑立面和室内装饰。市场上宽泛的彩色玻璃制品除去一些贴膜装饰和表面涂装产品外，主要还有两种产品：有色玻璃和彩色夹胶玻璃。有色玻璃是透明玻璃中加入着色剂后呈现不同颜色的玻璃；彩色夹胶玻璃是在两片或多片浮法玻璃中间夹入强韧 PVB 胶膜，并利用高温高压将胶膜融入而成的彩色玻璃。

高透玻璃

高透玻璃又称减反射玻璃、低反射玻璃和防眩光玻璃，是一种将普通玻璃进行单面或双面蒙砂后用抛光工艺处理的特殊玻璃。与普通玻璃相比，高透玻璃具有高透过、低反射的特点。

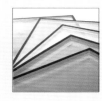

钢化玻璃

钢化玻璃属于安全玻璃，不易碎，即使破坏其碎片也呈类似蜂窝状的碎小钝角颗粒，不易对人体造成伤害。此外，钢化玻璃的抗冲击性强度和抗弯强度是普通玻璃的 3-5 倍，且具有良好的热稳定性，能承受 150℃的温差变化，对防止热炸裂有明显的效果。

砖 瓦

文化石

文化石分为天然文化石和人造文化石。天然文化石开采于自然界的石材矿床，通过精心砌筑，成为墙体美化装饰；人造文化石采用浮石、陶粒、硅钙等材料经过专业加工精制而成，采用高新技术把天然形成的每种石材的纹理、色泽、质感以人工的方法进行升级再现，效果极富原始、自然、古朴的韵味。

特伦特陶瓦

特伦特陶瓦源自陶瓦制造历史悠久的法国，其经过 1170℃高温烧制，可以百年不褪色，且各项物理化学性能指标均达到欧洲优质陶瓦标准，质量一流，为高档别墅和住宅公寓等建筑优选屋面装饰材料。特伦特陶瓦外形美观独特，色彩丰富，具有极具人文艺术气息的装饰效果。

墙 纸

无纺布墙纸

无纺布墙纸，也叫无纺纸墙纸，是高档墙纸的一种。该产品源于欧洲，从法国流行，是新型环保材质，其采用天然植物纤维无纺工艺制成，具有色彩纯正、触感柔和、吸音透气、绿色环保、防霉防潮等优点，是高档家庭装饰的首选。

纯纸墙纸

纯纸墙纸是一种全部使用纯天然纸浆纤维制成的墙纸，具有无异味、透气性好、吸水吸潮等优点，是一种环保低碳的家装理想材料。跟其他墙纸相比，纸质墙纸更环保，清洗、施工更方便，防裂痕功能更佳，因此日益成为绿色家居装饰的新宠。

丝质墙纸

丝质墙纸选用丝绸为主要材料，采用精湛的手工技艺制作而成，具有隔音保温的优点。这种墙纸手感柔和、舒适，在视觉给人以高雅质感，且因其材质的反光效应而显得十分秀美。由于丝质墙纸价格昂贵，且不易清洁，一般只在较私密的区域使用，如卧室。

刺绣墙纸

刺绣墙纸以高档无纺纸为基材，采用中国传统的刺绣工艺将不同款式、不同颜色的刺绣样式添加到基纸上，形成起伏立体的生动画面。其图案多样、色彩丰富、组织细密，具有很高的艺术价值，是墙纸墙布中的精品。

涂 料

乳胶涂料

乳胶涂料，俗称乳胶漆，是一种水分散性涂料，以合成树脂乳液为基料，填料经过研磨分散后加入各种助剂精制而成。乳胶漆具备易于涂刷、干燥迅速、漆膜耐水、耐擦洗性好等众多优点。作为一种环保用漆，乳胶漆在建筑以及家居行业深受欢迎。

真石漆

真石漆是一种和大理石、花岗石等石材有相似装饰效果的涂料，具有装饰性强、适用面广、水性环保、耐污性好等优点，能够有效防止外界恶劣环境对建筑物的侵蚀，加上其经济实惠，仿真石程度高，市场需求很大。

金属漆

金属漆是指在漆基中加油细微金属粒子的一种双分子常温固化涂料，由氟树脂、优质颜色填料、助剂、固化剂等组成，具有金属观感的装饰效果，适用于建筑的内外包装及幕墙、GRC板、门窗、混凝土及水泥等基层上。

砖 瓦

红砖

红砖是以粘土、页岩、煤矸石等为原料，经粉碎、混合后以人工或机械压制成型，干燥后再以氧化焰烧制而成的烧结型砖块。其色泽红艳，既有一定的强度和耐久性，又因其多孔而具有一定的保温绝热、隔音等优点，适用于作墙体材料，也可用于砌筑柱、拱、烟囱等。

青砖

青砖的制作工艺与红砖的差不多，只不过与红砖在烧制完后采用自然冷却的方法不同，其采用水冷却，青砖强度、硬度以及装饰效果和红砖不相上下，除了颜色上有所区别外，青砖在抗氧化、水化、大气侵蚀等方面性能优于红砖。

中式府院

中式府院

传承国人千年人居，

集传统建筑精髓与大院规格于一体，

融入现代设计语言，

为现代空间注入凝练唯美的中国古典情韵，

将文化之美融入建筑与生活，

匠造家仪国风。

门庭知礼序，建筑见威仪，

中正庄严、雅致有序，

亭台花木、一院饱览。

于府院之中，

知山水见天地。

静坐府院内，

温壶诗酒禅茶，

还人生一份从容。

诸暨中梁·首府

北京阳光城·京兆府

沈阳旭辉·雍禾府

长春万科·如园

典雅尊贵 大宅风范

中梁 诸暨中梁·首府

开发商：中梁地产集团 ｜ 项目地址：绍兴诸暨应山

占地面积：40 688.3 平方米 ｜ 建筑面积：55 518.2 平方米 ｜ 容积率：2.75 ｜ 绿化率：30%

景观设计：HZS 滙张思

主要材料：砂岩、木材、黑卵石等

中国园林，是不可言述的艺术珍宝，它似花繁树茂满园的华丽，也像翠竹落英山石的雅致，是鱼戏绿波花浓的和谐，亦有出水芙蓉连天的古典。无园，不以成府，走入中梁·首府，中国园林之美尽收眼底：幽篁迎宾、礼仪树阵、莲花池台、穿云度月、枫锦古榆；穿院走巷，一园五进，层层静雅，还原中国古代王府的宅居礼法。

作为诸暨首个新中式标杆，中梁首府传承古典造园精粹，结合现代艺术手法，并选取国际建筑高端科技和建筑材料，形成"新而不洋、中而不古"王府中式建筑风格，致力于建造尊贵典雅的官邸式住宅，用一方园林，与生活握手言欢。

项目概况

中梁·首府座落于城东新版块，毗邻新市政府，融合了城市繁华和塘河两岸公园盛景，承袭法式古典建筑传世精神，以国际品质大宅的标准，选取国际建筑高端科技和建筑材料，旨在为城市高端圈层领袖打造一座与之精神匹配的传世宅邸。

设计理念

项目的景观设计结合了现代艺术手法与古典造园意境，营造一座镶嵌在百年江南核心地域上的尊贵府园。项目以苏州著名园林留园为蓝图，研究其精湛的空间处理、开合节奏以及每个节点的视线打造特点，将其精髓融入设计中，使这种经典的游园空间感受再现。

景观规划

中梁·首府承府院礼仪之精神，运用古代一品官员"五进制"宅邸作为规划理念，将汉民族传统文化的深厚艺术底蕴浓缩其中，利用大堂、中庭、屏障、曲径等丰富的景致，规划归家的五进流线，着重打造"起承转合"渐入佳境的空间节奏，呈现大宅风范。

示范区设计

中梁·首府整体设计贯彻"王府气派、中式手法、现代演绎"理念，形成"新而不洋、中而不古"王府中式建筑风格，采用"一园五进"的归家流线，将自然之美用艺术化的语言巧妙呈现。

一隐：取大隐隐于市之意，大门的设计与众不同，采用低调大气的闭合式入口，结合格栅打造特殊的框景效果。主人的气质、生活的格调与哲学皆于入口体现，增加入户的仪式和私密感。

二开：穿过前门会所，只见一处开放式空间。胡柚树阵体现礼仪与贵气，荷花旨为修心，景灯烘托儒雅，使住户在穿行此空间时豁然开朗，在归家的路上变得平静又舒心。

三合：主打一处诗画意境的围合空间，旨在烘托和升华儒雅尊贵的格调。

四敞：枯山水造景，青皮竹围绕，竹影与石影相互映照，禅意悠远。造园，不仅是空间元素的堆叠，更是一种生活情调的塑造。

五围：多层次种植围合的儿童活动区，结合彩色橡胶铺装和马赛克无锐角花池设计，打造让孩子无忧无虑探索和玩耍的围合趣味空间。

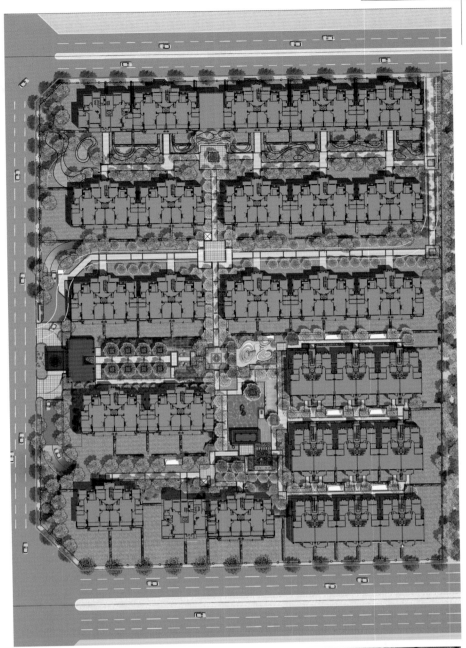

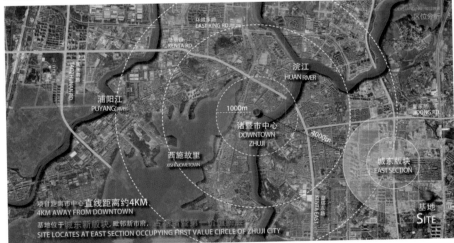

1 名门礼仪『合』 幽篁迎宾

2 莲花修心『开』 礼仪树阵

3 诗画意境『合』 穿云度月

4 四季秘境『开』 古榆乐 枫锦池

5 画院逸趣『开』

材料应用说明 青砖、灰色石材与原木地板营造了一个古色古香的氛围，米黄色石材景墙的介入又为整个场景增添了一抹亮色，雅致而又不显沉闷。

① 砂岩米黄石材（分缝）

② 青砖

③ 浅灰色花岗岩

④ 防腐木地板

京城居者的江南府院

YanGo 北京阳光城·京兆府

开发商：阳光城集团 ║ 项目地址：北京市通州区

占地面积：42 076 平方米 ║ 建筑面积：118 000 平方米 ║ 容积率：2.8

建筑设计：北京三磊建筑设计有限公司 ║ 景观设计：深圳奥雅设计股份有限公司

售楼处室内设计：KLID 达观国际设计事务所

主要材料：汉白玉、铝板、木材、LOW-E 玻璃、陶瓦、石材、软瓷、木饰面等

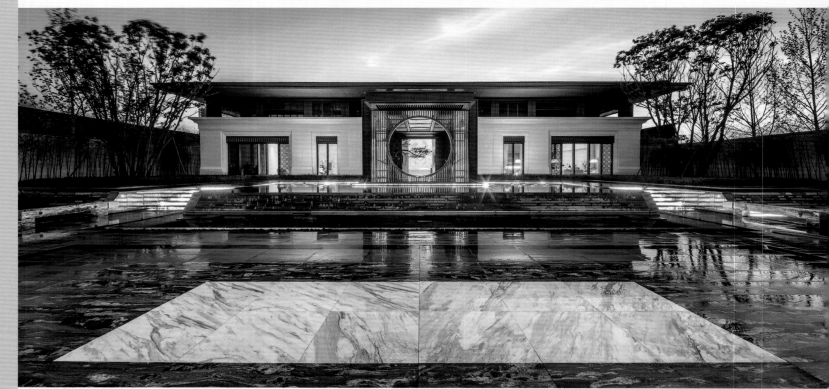

　　阳光城·京兆府是由全国地产 20 强之一的阳光城集团于东五环打造的新中式低密社区。项目盘踞国贸与通州新城、首都机场与北京新机场等资源汇聚的黄金折角，社区规划上打造"南园北筑"的精神理念。该项目采用江南造园手法，创新凝练府系和园系两大园林景观组团，强调对园林动静的区隔分离。建筑上承袭京派府园大宅之威仪，汲取皇家紫禁城檐椽斗拱、京城四合院的敞阔进制，塑造新中式建筑之风骨。

　　示范区以著名的文学家、艺术家徐渭的故居——青藤书屋为场地精神的文化支点，用当下的设计语言讲述中国的精神气质，借新中式设计手法，将山水理念融汇其中，张弛有度地描绘一幅大气优雅的现代山水画卷。南园北筑，打造江南大户、家族庄园的府园生活。

YanGo 陽光城 ｜ 府系

项目背景

作为京城楼市新晋的实力企业，阳光城集团从闽系房企迅速成长为全国房企 20 强，"京兆府"是其北上京城战略的首发力作。项目位于北京东五环通州台湖地区，周边拥有成熟的教育资源、商业资源，以及近 10 个城市公园与规划中的台湖湿地公园。

"京兆"一词是自汉代起对京畿都城的称谓，设计团队希望运用传统文化理念展现现代院落肌理、营造当代北京生活氛围的同时，引入江南园林特色，形成"北筑南园"独特风格，打造以传统文化为积淀的别墅类居住产品。

布局规划

阳光城·京兆府根据地块自身尺度及周边现状，整体规划采用"主轴、两园、纵横街巷"的布局方式，高层区域围合出大尺度公共园林，合院区域用现代的建筑组合方式形成街巷空间，中部围合出近人尺度的公共绿地与共享园林，社区中间结合入口形成南北向街道空间，并通过一条东西向的主巷串联起来，规划出社区、主轴、街巷、宅院四个层级，塑造从公共至私密四度空间。项目示范区位于地块东北侧，分为落客、迎宾、展示、体验及样板五个区域，小尺度精致展现"北筑与南园"的设计精髓。

建筑设计

京兆府的建筑立面设计讲求均衡内敛，采用中式传统对称手法，兼备西方建筑经典的三段式布局，提升仪式性，加强整体性，通过体块的穿插设计，及双重檐、回字纹、吉字纹等细节元素，提升建筑表现力。户型设计方面，实现多层分区，带来多倍的采光面积及南向居室，同时保障家庭成员之间共享与私密的区域。

示范区设计

示范区整体景观格局以青藤书屋为母版，遵京派皇家制式，讲求中轴对称，规划为"门一厅一堂一园一苑"的五进空间，追求中国古典园林的起承转合，以"街一车马院一庄门一水院一售楼处一书院一书室"为游览秩序，呈现东方园林的神韵。

以现代语言阐释中式制式的入口大门，端庄规整、大气雅致却又不失细节与精致。铜制大门以中式水纹为机理，两侧山纹以《富春山居图》为源，重工打造出层次鲜明丰富的格栅景墙，配以极具江南意蕴的水雾，营造出"仁者乐山"的意境，彰显"以山为德、以水为性"的内在文人气质。

经过御道，眼前豁然开朗，这便是堂区——水院。气势恢宏的跌水瀑上坐落着大气雅致的售楼处，充分表现了中国山水的秀丽壮美，并寓意招财聚气。进而拾级而上，穿过月洞门回望庄门，以造型松点睛，寓意万古长青。

穿过售楼处即为"园"，后花园整体布局疏密自然，以青藤书屋为原型，一园一路，远以观山水，中以赏密草，近以闻花香，以此园内流水、秀木、绿竹、花卉，构成一幅幽远宁静的画面，淡而不失丽，疏而不失旷。

样板院旨在为文人雅客打造出一方天地，因此设计为"琴棋书画"四个功能空间。

样板房设计

阳光城·京兆府所打造的叠拼别墅产品注重实用性，同时关注文化内涵和价值感的城市新中产匠心设计。不管是"上有老、下有小"的中国式家庭改善需求，还是二孩时代"多一间房"的刚性需求，京兆府别墅设计都充分满足——一层南向老人房设计、二层空间可根据"二孩"需要灵活改造。与此同时，京兆府也创新加入下沉景观窗井，将阳光引入地下二层，让整个别墅的每个角落都有自然采光，规避掉了如今市面上别墅产品地下空间设计的短板，打造有天有地、敞阔阳光的全家庭首套别墅。

示范区平面图

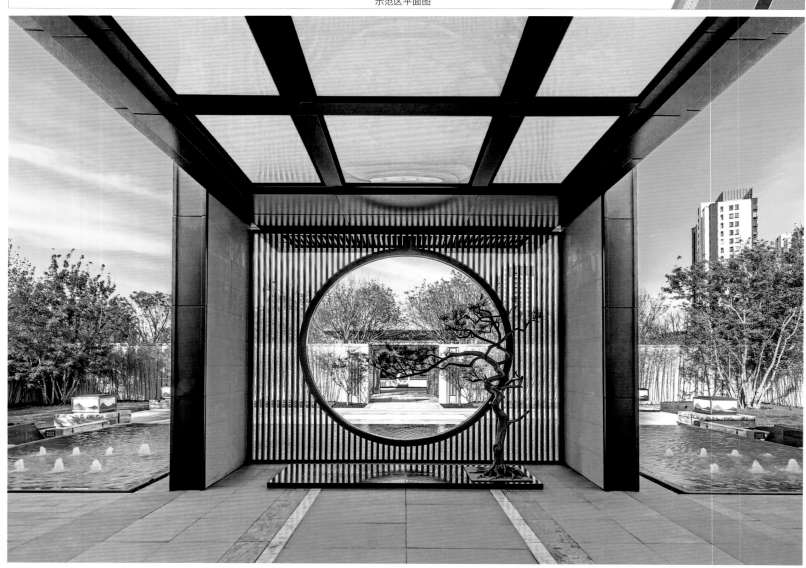

阳光城·京兆府
ORIENTAL·MANSION

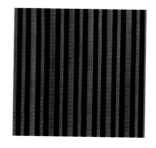

① 汉白玉雕塑　　　　② 褐色铝板　　　　③ 木格栅　　　　④ 米黄色墙面漆

材料应用 说明 主体石材基调安静优雅，褐色铝板的压沿打破石材的单调感。玻璃映衬窗间墙柱细长比例，庄严兼具柔美，褐色陶瓦收尾突出建筑整体性。

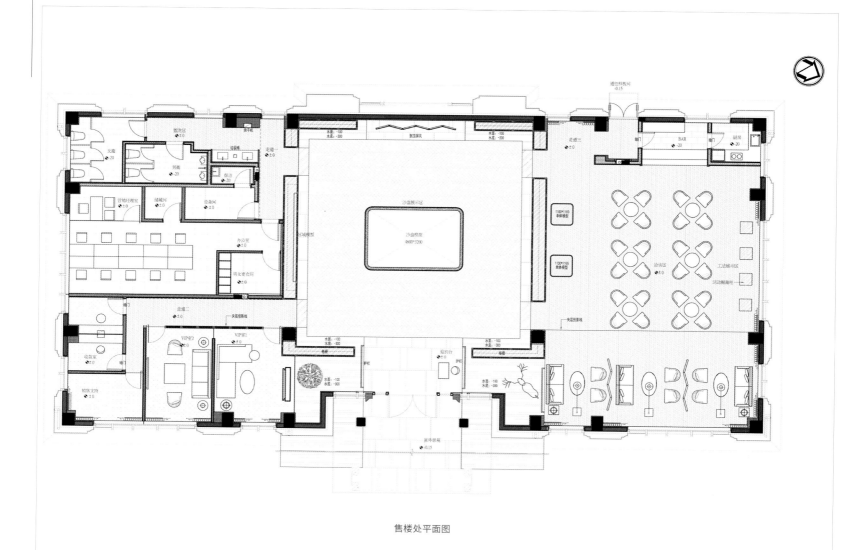

售楼处平面图

① 木饰面墙

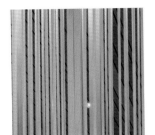

② 原木窗格

③ 西班牙米黄大理石

材料应用
说明 ‖ 原木色的木饰面墙体，皎洁的大理石地面，再辅之以墙面层峦起伏的"山川"，
经由柔和的灯光照射，如行云流水，穿梭其间，仿佛徘徊于今与古之间。

中情西韵 大府盛放

 沈阳旭辉·雍禾府

开发商：旭辉集团沈阳事业部 ┃ 项目地址：沈阳市铁西区北二中路与保工北街交叉口

占地面积：84 831.8 平方米 ┃ 建筑面积：253 163.99 平方米 ┃绿地率：30% ┃ 容积率：2.2

建筑设计：水石设计 ┃ 景观设计：DDON 笛东规划设计（北京）股份有限公司

主要材料：铝单板屋面、石材、仿铜钢板、仿铜金属雕花、浪淘沙花岗岩、透光玉石等

　　沈阳旭辉·雍禾府是旭辉在铁西成功打造旭辉·锦堂之后为铁西乃至沈阳打造的又一品质人居项目。项目所在地曾是百年国储粮库，故名"雍禾府"，"雍"取团结和睦、雍容大气之意；"禾"取嘉禾、盛世良田之意。自古粮仓所在之地，皆为宝地，上风上水，五谷丰登。

　　雍禾府以国储粮库福址为本，把这种粮脉传承感，用设计的艺术还原给当代，承载东方精韵，尚行西韵甄粹，将雍禾府打造为一处兼得东方情结与西方韵味的空间所在，创造沈阳里程碑式景观体验。该项目以粮署的民国风概念诠释第一粮库的地域特色，细节通过提炼出五谷肌理的线条，设计组合成建筑符号元素，用现代的手法展现历史的痕迹。

CIFI GROUP 旭辉集团 ┃ 府系

区位分析

　　雍禾府基地位于北二中路与保工北街交叉口，为一环旁的城心地段，周边教育、商业等配套成熟，公交和路网也十分发达。项目距离沈阳站 3.5 千米，距离铁西区政府 2 千米，距离北二路星摩尔商圈一站式购物仅一千米。

布局规划

　　旭辉雍禾府，以独特的地块优势，秉承传统四合院的规划理念，在风水布局方面也传承了四合院建筑所凝结的智慧。项目规划为高层围合别墅的园区，南侧为规模低密别墅，东侧、北侧以高层围合，别墅布局以轴线对称形式排布。大门入口正处于东南角，紧邻北二路，刚好为园区的"巽"位，取传统风水的吉祥之位。入口处进入园区约 20 米，将园区与道路区隔，真正实现入则宁静，出则繁华。

建筑设计

　　高层的建筑立面采用现代典雅的风格，近人视线范围内采用沉甸甸的石材，通过运用传统美学法则来使现代的材料与结构体现精致、内敛、规整、端庄、典雅之感；别墅的建筑立面结合了中西元素，同时结合现代人对生活的需求，简化了过多的装饰构件彰显华贵典雅与现代时尚。

示范区设计

　　登门入户 、藏锋纳气 ：门楼设计从玉玺印章中获取灵感，以麦穗为基本纹理，内部包裹着象征厚土的黄铜边框，彰显尊贵奢华，同时以约 9 米的高度比肩皇家殿宇。双鱼旋游于影壁之上，将气运悉数收藏，与前方壮阔水景交相辉映。入园设计一道景墙，形成视线的私密性。一道道屏障将宅院深藏，尽显曲径通幽之美。

　　枫林云径 、尊奢之享：园内全冠移植数十株30 年树龄美国红枫，入园伊始，视野内便可尽揽百余米幽长皇廷式礼宾大道。礼宾大道精选浪淘沙花岗岩铺就，加上大道旁宫灯造型的琉璃盏设计，形成一条庄严的仪式空间。

　　掩映跌水、平步青云：逾 700 平方米的壮观水景基底铺排透光玉石，掩映清澈流水；夜幕降临时，玉石下预设灯光穿过池底，映射在流水中，营造触手可及的银河玉带。玉廊跌水的逐级上升，将步步高升之意暗藏景中。

　　悬空廊桥、水景绕堂：沿玉廊跌水拾阶而上，"平步青云"后便登堂入室。一座叹为观止的全玻璃泛大堂，泊来欧美当代潮流结构元素，与玉石清流和郁葱绿植相得益彰，清新兼得峻朗，既符合雍禾府贵气尊奢的血统，又合理融合了当代建筑艺术的表达方式，极具艺术韵味。

售楼处设计

　　售楼处博采了张氏帅府、奉天省议会等民国建筑的风骨，以及国储粮库天下粮仓的代表元素，整栋建筑的基座、中柱、廊檐和雕花借鉴了大帅府的大小青楼的三段式风格内核，以灰砖和吉祥雕纹作为建筑语言，细节通过提炼出五谷肌理的线条，组合成建筑符号元素，诠释粮脉地域特色，共同彰显了东方情结的厚重与威仪。

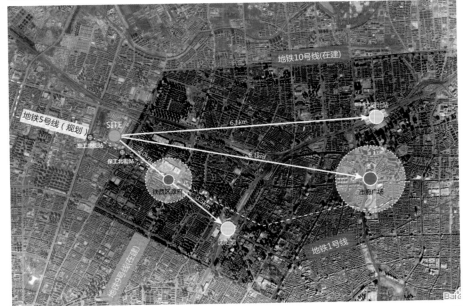

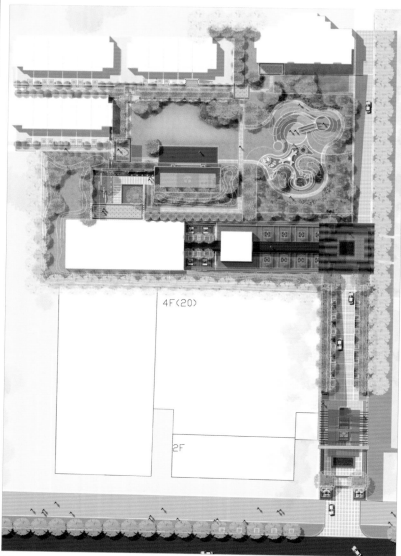

① 铝单板屋面

② 黄金麻石材

③ 浪淘沙花岗岩

材料应用说明 ‖ 屋面采用铝单板材质，突出轻盈灵动之美；地面及墙面则精选高档石材铺就，显示出整个场所的高贵与气派。

材料应用说明 | 水景基底铺排透光玉石，掩映清澈水流，玉石下设灯光穿过池底，营造触手可及的银河玉带。跌水两侧外围精雕细刻的麦穗纹理的仿铜质屏风，凸显艺术色彩与结构的搭配。

④ 仿铜金属雕花

⑤ 仿铜钢板

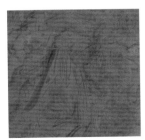

⑥ 幻彩红花岗岩石材

⑦ 锈石花岗岩

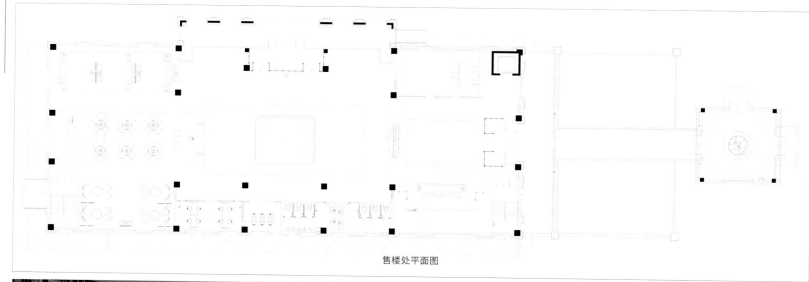

售楼处平面图

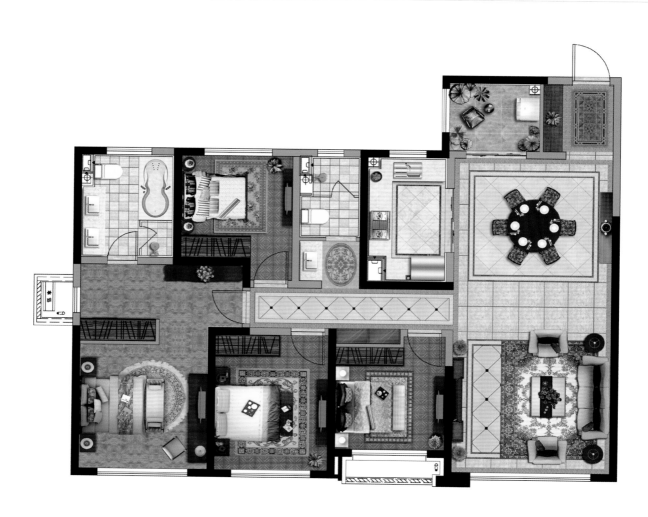

155 平户型平面图

中式礼序大院

vanke 长春万科·如园

开发商：万科地产 ‖ 项目地址：吉林省长春市净月大街华桥外院（金河街）东行 800 米

占地面积：180 000 平方米 ‖ 建筑面积：280 000 平方米 ‖ 容积率：1.1

建筑设计：西迪国际 /CDG 国际设计机构、北京新纪元建筑工程设计有限公司

景观设计：西迪国际 /CDG 国际设计机构 ‖ 室内设计：北京捷思装饰设计有限公司

主要材料：仿古铜铝板、青砖、大理石等

　　长春万科如园继承了如园产品系中式规划布局和中式院落的精髓，从东方文化的角度重新解读当代人居的价值核心，以新中式建筑设计语言重现中国传统文化的"礼序"精髓，开启大宅风范。

　　建筑语言上，万科如园凝练中国古典风韵，汲取圆明园如园灵感，尊崇传统礼序，布局分明和谐，以"一轴、一脉、三院落"的院落格局，以及从园区主入口、巷子入口及私家花园入口的传统"三进制"建筑秩序，呈现中华千年之传统建筑礼制。其景观延续"礼序"文化精髓，打造一轴六景的景观带，还原东方居住意境。

vanke 万科 ‖ 园系

建筑设计

项目规划从北至南、从入园到入门，层层递进，依序而制分为二区，横向左右贯穿形成十一园——幻春夏华雪、琴棋书画诗风。

合院别墅是传统的前庭后院式院落，围合、内向型的空间特点给人强烈的归属感。其次，3-4 米高的院墙设计，结合私家庭院景观取代公共集中造景的理念，加强了合院别墅的私密归属感。文化与品质并重的院门设计采用石材、钢材、铝板等现代材料，结合青石门套、抱鼓石、定制门匾等传统元素和建筑的檐、墙、院、廊、纹饰妆点等细节雕琢，文雅而精致。

洋房建筑造型以中式风格为形式肌理，采用传统中式建筑的歇山屋顶形式，以高山仰止之姿融入如园生活的点滴之中，并将古典三段式及现代体块穿插的造型手法相结合，强调建筑与景观的自然融合，秉承"建筑为型，文化为魂"的建筑理念，营造端庄丰华的居住氛围。

景观设计

园区景观延续"礼序"文化精髓，打造一轴六景的景观带，在贯穿南北的主景观轴线上，依次设计为"瀛山""聚禄""石澳""云栖""烟树""壶天"几大景观节点，并且将每一个组团景观都以"春、夏、风、华、琴、棋、书、画……"等中式传统元素来命名，打造"如春""如画"等组团景观带，既融合了中式园林诗情画意的特性，又在三维空间中重现概括大自然升华而成的中式山水画风光。给人以一种身临其境，人在画中游的立体感受。

示范区设计

示范区采用了传统和现代相融合的方式，用现代玻璃幕墙、石材、金属铝板营造出中式院落的月洞门、木椽、歇山屋顶等传统元素，同时与传统灰砖的材质拼贴交织在一起，不显得冲突，反而有种时空的穿梭感与历史对话。大面积的水景给人以静谧的享受，与倒映出的建筑镜像形成浮光掠影，美不自胜。当冬季来临，水面枯竭，积雪和细石又会形成一幅枯山水的卷轴，可谓冬夏两相宜。

销售中心设计

销售中心的设计以文化书院为思路，造最为契合的书院气质，抽象的篆书"如"字地拼、独具匠心的如意云头把手以及书卷式的灯具造型，共同演绎了清雅绝俗的东方古韵。主入口处的墨梅傲骨盘根，扶摇直上，不屈而"撩人"；月洞门圆形如月，若隐若现，优雅含蓄，韵味无穷；墨梅"嵌"于月洞门内，犹如画在月盘之上。这株纯铜打造的限量版梅树，是那特艺术家运用超写实与解构的艺术手法对元代诗人王冕《墨梅》的诗意表达，是自然美和人文美的绝佳嫁接，不浮、不俗、不枯、不寡。

融洽谈、书吧、水吧、品茶、简餐为一体的山景洽谈区通过虚实相间的通高博古架及通透隔断作为空间分隔，并与艺术品完美结合，蕴奇而灵动。室内空间以宋之品作为主色调：博古架中，摆放有许多宋瓷冰裂纹；宋朝歌颂梅花枯木，把缺陷变美，花很美，枯木也美，裂纹也可以构成美，鹧鸪斑、兔毫、窑变都是缺陷之美，这是很特别的宋代美学。

销售中心还设计了茶室和私宴区，分别采用了"文人山水"和"园之雅宴"的主题，为如园增添了几许文化气息。

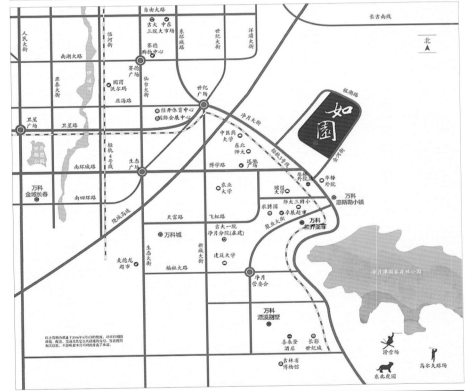

鸟瞰图

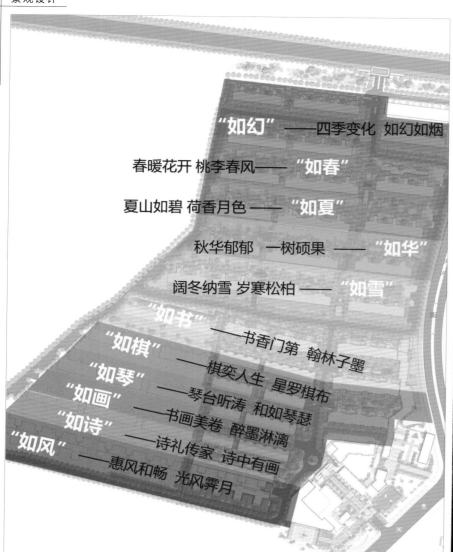

"如幻" ——四季变化 如幻如烟

春暖花开 桃李春风——"如春"

夏山如碧 荷香月色 ——"如夏"

秋华郁郁 一树硕果 ——"如华"

阔冬纳雪 岁寒松柏 ——"如雪"

"如书"
"如棋" ——书香门第 翰林子墨
"如琴" ——棋奕人生 星罗棋布
"如画" ——琴台听涛 和如琴瑟
"如诗" ——书画美卷 醉墨淋漓
"如风" ——诗礼传家 诗中有画
——惠风和畅 光风霁月

1 仿古铜铝板

2 维纳斯灰大理石

3 白色瓷砖

材料应用 说明 石材、铝材等现代材料配合月洞门的设计，文雅而精致，不仅完美诠释了现代设计与传统的融合，也体现了文化与品质的并重。

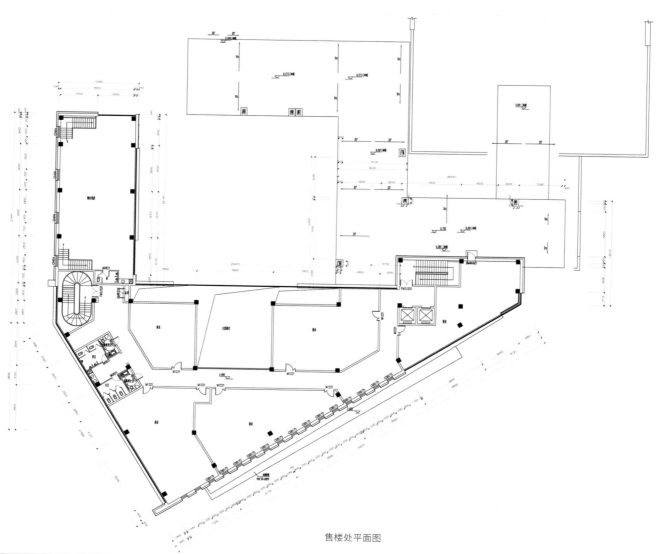

售楼处平面图

合院地下一层平面图　　　　　　　合院一层平面图　　　　　　　合院二层平面图

苏式园林

苏州园林，

饱含中华五千年传统园林的精髓，

浸透古今文人志士的情致雅趣。

它强调自然融合、天人合一的的生态理念，

布局精妙，移步易景，别有洞天，

在不失传统韵味的气质空间中，

营造出最适合中国人居住的生活方式。

漫步园内，

或见"庭院深深深几许"，

或见"柳暗花明又一村"，

或见亭台楼阁、白墙黛瓦，

或见小桥流水、花草古木……

这是一处古韵盎然的私家桃源，

不出城郭而获山林之怡，

身居闹市却有林泉之乐。

苏州万科·遇见山

杭州蓝城·十里风荷

苏州·景瑞无双

扬州新城·吾悦广场

苏州绿地·海域乾唐墅

江南风味 山居院落

vanke 苏州万科·遇见山

开发商：苏州高新万科置地有限公司 ┃ 项目地址：苏州高新区旺家府路与凤凰峰路交叉口

占地面积：167 185 平方米 ┃ 建筑面积：323 411.7 平方米

建筑设计：万晟智库、彬占建筑 ┃ 景观设计：北京创翌善策有限公司

主要材料：不锈钢、木材、金属、片石、文化石、花岗岩等

    "遇见山"位于苏州大阳山国家森林公园东侧，地势平坦，空气清新，是一片与城市不远不近的生态宝地。依傍"城市绿肺"大阳山，这里有苏州最澄澈而安宁的空气。遇见山里，一木一石自成意境：浮烟轻袅，白云出岫；花鸟虫鱼，相映成趣；稀松古柏，淡墨成章……

    项目在钢筋水泥的喧嚣都市中，张扬原生占有的态度。整体外立面为新亚洲风格，把亚洲元素植入现代建筑语系，将传统意境和现代风格对称运用，用现代设计来隐喻中国的传统。造景手法传承江南造园艺术，空间上遵循传统住宅的布局，用街巷布置"棋道"，用院落组织空间，循序渐近，移步异景，营造具有江南风味的山居院落体验。

vanke万科 ┃ 山居系

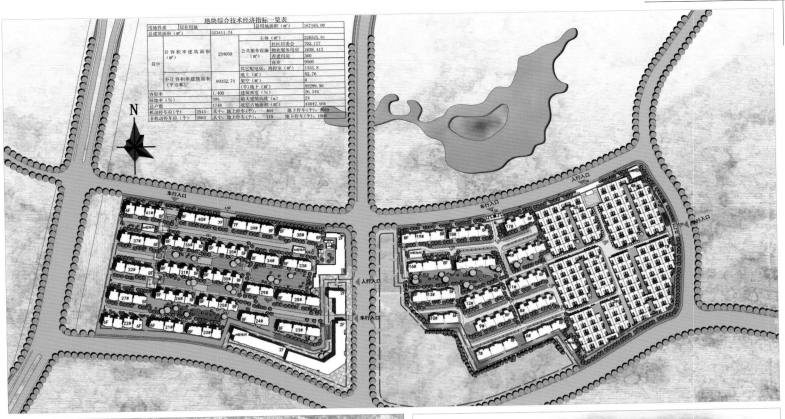

地块综合技术经济指标一览表

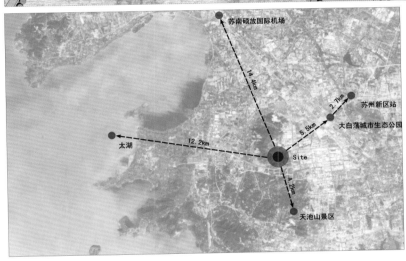

区位分析

苏州万科·遇见山位于大阳山低密城市生活区，毗邻大阳山国家森林公园和城市发展地标新苏州乐园，同时邻近宜家家居、永旺梦乐城、金鹰购物中心等商业综合体。项目东侧即为中环快速路，中环快速路南北向贯穿高新区，连通太湖大道，可快速通达浒通片区、活力岛、园区、苏州北站等。

定位策划

遇见山由万科和苏高新共同合作开发，是万科在苏州的山居系住宅作品。凭借资源优势，项目定位为高档住宅社区，面对的目标客户群是有一定社会成就及经济实力的社会精英阶层，其产品有89-125平方米的见山洋房、138平方米的叠拼别墅和155平方米的想象力别墅，结合移步异景的景观设计，打造休闲、宜居的低密度住宅区。

布局规划

项目基地分为1号、2号和3号地块，综合目标客户群对住宅产品的倾向性之后，1号地块放置面积段在89-122平方米的八层花园洋房，3号地块放置125平方米的花园洋房、135平方米的叠加洋房及155平方米的乐高合院。2号地块为商业区，既可以满足客户改善型居住环境的要求，又是对客户自身社会成就及个人价值的一种体现。

建筑设计

项目提炼和重组苏州传统中式建筑的元素，以乐高的理念以及现代设计手法去重新演绎，体现出项目实用、传统与时尚的美学。整体结构简约干练，庄重的深色坡屋顶以简约古朴的檐口纹案作为点缀，淡雅的仿青砖材料搭配浅色的石材，赋予立面丰富的层次，大面积的玻璃窗设计与精心营造的景观相呼应。

示范区设计

从"山居"出发，遇见山示范区打造了庭、园、山、室四重空间层次，从建筑、景观、室内多个维度营造小而精致的山居院落体验。

庭：共叙中式天伦

院落是中式生活传统的母题。遇见山示范区预留了两个院落，一庭一园。前庭为西部社区步行必经之入口，四树合抱，回廊环绕，静水其中，映天光与云影。静水中，叠石为山，以片石、紫铜铸就，取山峦连绵不绝之意。

园：抒怀诗意天地

园是自我与天地交流的所在。选择闲情雅趣的花鸟鱼虫作为园的主题，希望居住者在快节奏的都市之外，在这个诗意回转的方寸天地，能有一刻抽离柴米油盐日常的放松。

山：身临虚实意境

从吴门画派大家仇十洲的山水画中提取了山脉绵延的形意，以各种形式呈现——入口牌匾上蚀刻而成的山，庭院中的片石＋金属的山，前厅的玻璃层叠而成的山，宣纸上随风而动的山。

室：感同万物生长

售楼处室内设计也一脉相承，以山居和森林作为设计的母题。柱生长为大树，延伸至屋顶，形成遮天蔽日的森林意向，大小绿植墙点缀其中，搭配以木质的桌椅、家具，时刻传达给客户遇见山的优越生态环境。

户型设计

遇见山别墅采用L型创新户型设计，建筑与院落之间相互依托，院墙为每一户划分出独享的庭院，私享拥天揽地的自然生活。以独立内庭院为核心，各功能区有序排布。室内空间相互独立又互相关联，餐厅充分利用了走廊空间，同时起居室和餐厅又能均享庭院，拥有良好的通风和采光。三层九趣空间，极致挑高地下空间，玲珑有致，趣味横生。

01. 社区入口
02. 交通绿岛
03. 慢跑环路
04. 成人健身
05. 儿童游乐
06. 老年休憩
07. 慢跑起点
08. 跑道节点
09. 社区庭院
10. 地库入口
11. 地块界定
12. 阳光草坪
13. 生态车位
14. 尽端绿植
15. 外围密植

16. 礼仪入口
17. 山水庭院
18. 中心客厅
19. 棋园
20. 琴园
21. 茶园
22. 花鸟园
23. 鱼园
24. 桂花巷
25. 桃花巷
26. 玫瑰巷
27. 翠竹巷
28. 丁香巷
29. 绿带庭院
30. 邻里巷道

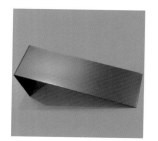

1 芝麻白拉丝墙面石材　　2 黑灰色不锈钢　　3 黄锈石地面石材　　4 原石 / 紫铜造型

材料应用说明 ‖ 片石、金属经过随意的切割，置于水面之上，组合成"山"，颇有几分山水绵延的意境。传统自然的石材和现代机械的金属同处一个空间，实现了古今的碰撞。

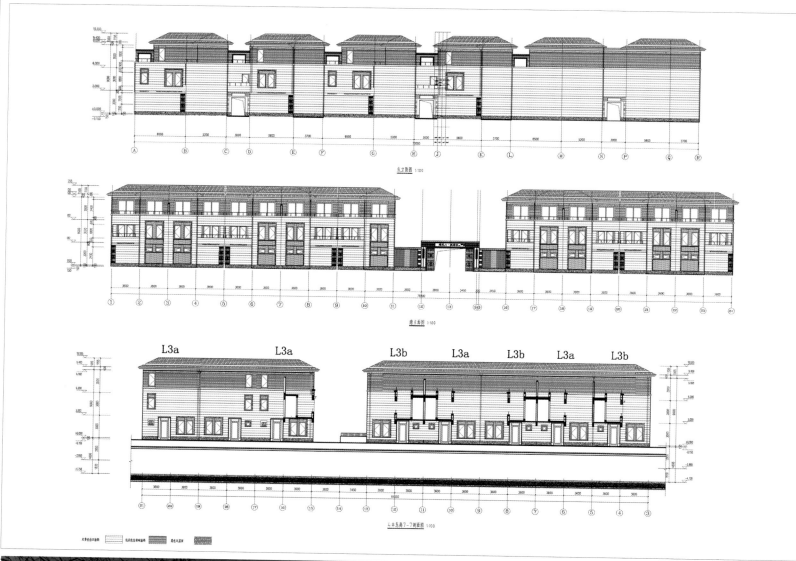

① 钛锌板坡屋顶

② 兴辉 - 仿青砖

③ 黄锈石花岗石

④ 南玻 - 玻璃门窗

材料应用说明 深色的钛锌板坡屋顶凸显庄重，淡雅的仿青砖材料搭配浅色的石材，赋予立面丰富的层次，大面积的玻璃窗设计与精心营造的景观相呼应。

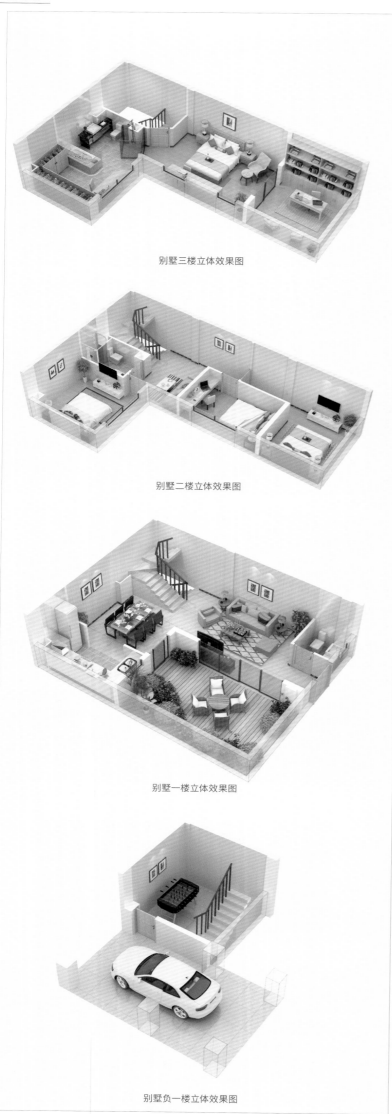

别墅三楼立体效果图

别墅二楼立体效果图

别墅一楼立体效果图

别墅负一楼立体效果图

中式院墅 江南韵味

 杭州蓝城·十里风荷

开发商：蓝城房地产集团有限公司 ┃ 项目地址：杭州城西天目山西路

占地面积：125 333 平方米 ┃ 建筑面积：36 700 平方米 ┃ 容积率：0.29 ┃ 绿化率：30%

主要材料：木材、青瓦、白色涂料、LOW-E 玻璃

蓝城·十里风荷，位于杭州城西，以水墨中国的形式，书写江南温婉而悠然的生活气质。项目以水系园林为中心，分为纵横两轴，并以两轴为骨架，以亭台楼榭为点缀，将江南名园为摹本嵌入其中，再现中国古韵。

项目总体规划为"二进大堂、三会馆、四重庭院"的格局，将幽雅宁静的建筑、诗意盎然的庭院和温暖恬适的生活融合在一起，让自然的美境、心中的意境和生活的实境彼此印证，有天有地有花园，打造一幅桃源胜境。

0.29 的容积率，245 栋 100-210 平方米的中式院墅，将纯粹的中式建筑韵味和江南园林式体验完美融合，为当代鸿儒雅士量身定制绝版雅致生活。

绿城集团 GREENTOWN ┃ 改善系

区位分析

十里风荷位于天目山西路，紧依绿城·桃花源，自然环境得天独厚。项目距望洲城综合体仅 1.5 千米，距西溪印象城 9.5 千米，距规划地铁 5 号线余杭镇站仅 1 千米，步行即至；北接未来科技城板块，规划有高铁杭州西站和通用机场，便捷接驳城市繁华，区域价值前景明朗。

项目背景

十里风荷基于绿城十年中式别墅营造经验，师法苏州网师园，立意 "再造一座江南名园"，为当代名士阶层量身定制江南园林式居住体验。同时，项目也是蓝、绿双城作为 "美好生活的推动者和服务者" 品牌转型下的重要作品，倡导园区的场所精神和社群交往，营造温暖、安心的生活雅境。

示范区设计

建筑设计

十里风荷的建筑设计提取了中国经典传统建筑美学，飞檐翘角、白墙黛瓦、各式各样的传统花窗、独特的月洞门和滴水檐，无不在诠释着东方独有的自然出尘以及清雅静美。

园区主入口依坡地建造，取法杭州四季酒店入口广场经典形制，独具匠心的邀请传统手工艺人打磨一砖一瓦，一比一完美复制了传统中式建筑的工匠情怀。建筑还依循古代建筑设置滴水瓦当，既保护了木质的椽头，又增加了极致的观赏性；滴水瓦上的福寿纹、檐头上的边花、以及精雕细琢的装饰线条和精致多变的花街铺地，让整栋建筑显得自然又充满韵味。

景观设计

十里风荷师法苏州的 "网师园"，包含了大园和小园，即公共园林和私家园林。公共园林设置在入口及中心轴线的部分，使得业主从归家开始，便进入了 "游园赏花" 的观感。

主入口几乎完全复制西子湖四季酒店的门廊，5500 平方米公共景观面积，动静结合、张弛有度，园林营造上，师法网师园和拙政园两大苏式园林翘楚，完整还原了江南的独特韵味。园林以水系花园为中心，以横纵两轴为骨架，以亭台水榭回廊为点缀，以江南名园为摹本，再现中国清雅之境。

此外，园区十字型布局中心区规划有生活馆，包含五大功能空间（两进大堂三会馆）及一亭一廊，虽由人作、宛自天开，尽展江南名园千百年积淀的传统之美。

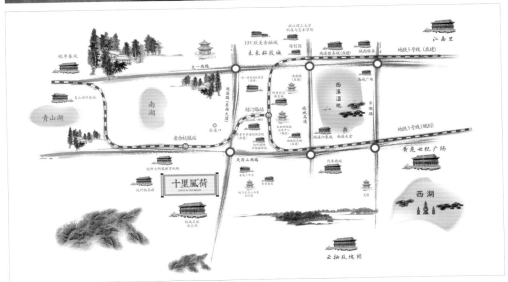

样板房设计

不同于市场上其他园林式小区，十里风荷不是独栋或者排屋，而是每一栋别墅之间都因为园林紧紧地联系在一起，却又各自拥有的独立庭院，既保证了每户家庭的私密性，也让邻里之间不至于产生隔阂。多重的庭院设计，让每个室内空间都可将风景拉近，主庭院达百余方，预留耕种空间，打造真正适合庭院耕作的，离地式种植模式满足业主种植花卉兰草的修养身心和瓜果鲜蔬带来的田园之乐。

此外，十里风荷的院子还创造性地扩张出 "1+n" 的概念，除了南面的主院，北面还多出两个小院。靠近楼梯的那一个，可作为设备小院，设置洗衣平台，做日常清洗、处理生鲜之所。另一个小院，既可为厨房采光，又能做客房的采光和景观庭院。最妙的是，在房子中间还增加了一个 "天井"，不仅有几分怀旧的意味，也让客厅和客房因此获得了多面采光。

样板房的面积区间为 100-210 平方米，户型适中，主打四房一书房户型；建筑面宽达 12.1 米，客餐厅具备 7.4-9.5 米超大面宽；细节全面提升，更多收纳空间、主力户型双车位配备⋯⋯缔造舒适终生居所。

① 白色外墙涂料

② 木质椽头

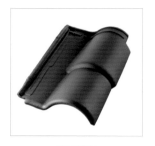

③ 青瓦

④ 中国黑花岗岩

材料应用说明 现代的材料结合中国传统建筑的飞檐缠头、白墙黛瓦，诠释着东方独有的自然出尘以及清雅静美。

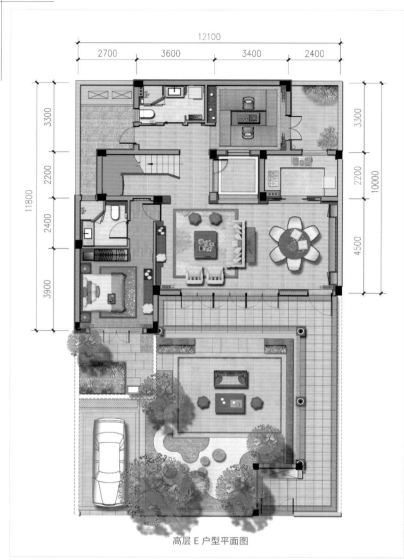

高层 E 户型平面图

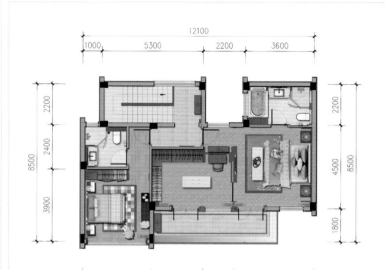

材料应用说明 落地高清玻璃使得室内与室外有一个视线上的延伸，拓展空间的同时也大大加强了室内的明亮；室内墙地面延续室外白墙的风格，选材以素色为主，营造了一个清新素雅的空间。

材料应用说明 主卧衣帽间的设计以木质为主要材料，并追求线条的简洁与流畅，一方面凸显了中式风格的稳重与成熟，另一方面又体现了现代舒适感。

1 金玫瑰大理石

3 LOW-E 玻璃

4 柚木地板

世界硅谷心 学府山水墅

苏州·景瑞无双

开发商：苏州璟瑞置业有限公司 ┃ 项目地址：苏州高新区科技城武夷山路与富春江路交汇处

占地面积：77 909.9 平方米 ┃ 建筑面积：142 587.39 平方米 ┃ 容积率：1.01 ┃ 绿化率：30.1%

景观设计：山水比德集团

主要材料：不锈钢、铝板、木材、大理石等

　　"无双"，是独一无二，也是难以比拟。苏州·景瑞无双霸气地以此为名，不仅仅需要勇气，更是一种实力的体现。该项目雄踞科技最前沿的苏州科技城中心，西邻太湖，东靠大阳山，凭借依山傍湖的"真山真水真境界"，致力于构筑科技城最高端的小区，打造苏城人居 4.0 典范之作，成为精英圈层生活的理想领地。

　　作为一代建筑大师赖特的流水别墅的全新演绎，苏州·景瑞无双示范区以"新山水"思想指导设计，提取"水""云""山"元素，构建"行云流水"空间，并运用竹子放射性的线条，为景观注入活力，与自然共生共长，诠释出有机现代之魅力。

景瑞地产 ┃ 改善系

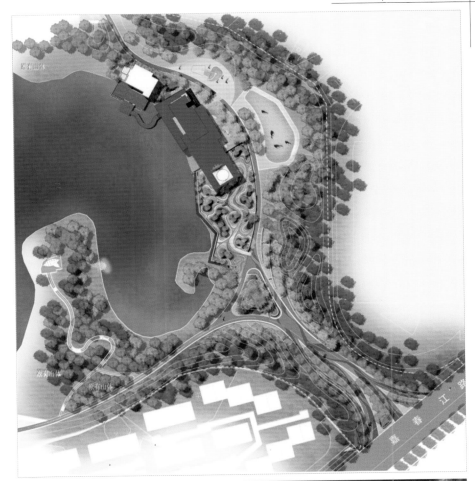

区位分析

苏州·景瑞无双西邻太湖，东靠大阳山，环境得天独厚，拥有不可复制的稀有自然资源，同时又雄踞"苏州硅谷"科技城核心板块，处于科技发展动脉之地，坐享城市繁华配套。项目附近的商业配套有时尚水岸商业街、梦之城、新区文体中心等；教育配套除了苏州高新区实验初级中学、伊顿国际学校、科技城实验幼儿园，还有在建的苏州科技城外国语学校；医疗配套有苏州科技城医院。

示范区设计

景观设计

项目学习建筑大师赖特的流水别墅概念，围湖栖居，独揽 5000 平米竹林泉海之景，以"新山水"为尺度，提取"水""云""山"元素，构建"行云流水"空间。

作为流水别墅的演绎，项目景观运用竹子之间相互穿插、咬合、晕染所产生的连续、放射的线条，横向延伸、纵向紧致，光和影交织而入，构建排竹云海景致。竹子之间相互交错分隔的上下空间，表达着自由长生之愿。绿意盎然的竹林夹道模糊淡化了人与自然的边界，形成尺度亲切的微型邻里聚落，创造和谐的邻里氛围。

选材上，适应力极强的毛竹与金山石相互映衬，与场地气质融为一体。模拟自然山水的肌理，采用大地艺术的构图，描绘科技、流动的蓝色光带，雕刻艺术游龙，生动诠释有机现代之魅力。

室内设计

景瑞无双 275 平方米别墅样板房呈现了一种新精英阶层的生活方式。整个空间的大调性很难以纯粹的风格去界定，它只是一种自我表达，以一种超离逻辑的方式典藏丰厚的精神，将诗意地栖居演绎成一幅无限贴近生活的艺术速写。

一楼会客厅交织着现代的雅致和高贵的静穆：高级灰的大基调融入略带温情的大地色系，同时加入暗橙色以凸显空间层次美感；壁炉、复古皮具等的置入赋予其西方传统的贵族气质；当代艺术家的雕塑作品"一片云"则强化了空间的艺术精神。餐厅内简约的陈设布置暗合严谨的美术构图原则，却又通过色彩和体块以极为柔软的方式化开。法国设计师 JEAN COUREUR 打造的 "PAGODE" 灯具为空间平添了几分时髦感。

位于二楼的家庭厅以绘画艺术为主题，成为孩子们释放自己艺术天份的场所。John Keith Vaughan 的画作表达着解构的张力与野性，强烈的艺术气息充盈着每一个空间角落。

家庭厅隔壁的男孩房带有一丝英伦风，融入气质格纹和牛皮色，酷酷的风格彰显小主人十足个性，伫立床边的玩偶形象又凸显了孩子调皮淘气的另一面。

主卧位于三楼，拥有绝佳的空间尺度，饱蕴古典与现代水乳交融的新生魅力。室内引入相当大比例的当代东方情怀，墙面背景是艺术家们在手织绢布上用箔堆积再微雕出来的银杏叶片。

公主房的整个色调是灰蓝色，甜美又不失坚强。像小蛋糕一样的座椅，像天空中浮云一样的吊灯，可爱的风格宣示着这是小公主的领地。

通往地下的楼梯口又有一个有趣的互动正在进行，直面的镜子放映出地下壁炉的局部，超大幅挂画用简单又精致的装裱给予空间层次感。整个双层挑高空间都是主人的藏书室，是整个居室的精神高地，自由游走在细腻与粗犷、现实与理念之间。室内配备有精良的沙发、躺椅等，亦可作为次客厅使用。

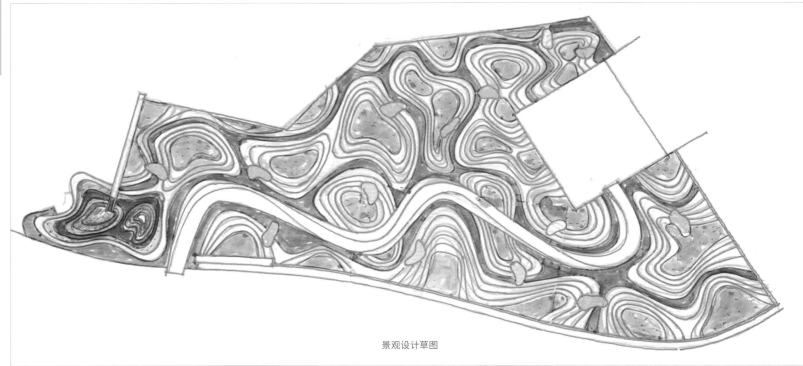

景观设计草图

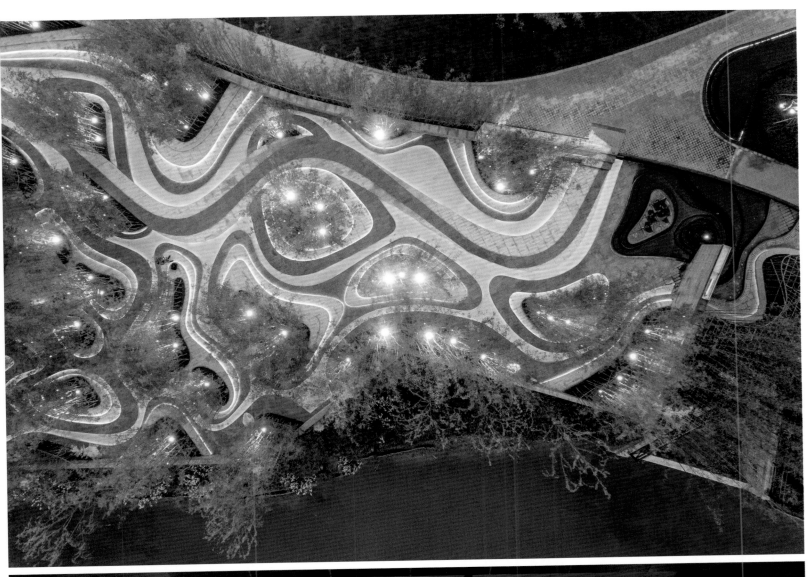

材料应用说明 艺术游龙雕塑结合流动的蓝色光带，生动地诠释了有机现代之魅。

① 不锈钢雕塑

② LED 灯带

② 黄锈石花岗岩

③ 毛竹

材料应用说明 竹子之间相互穿插、咬合、晕染所产生的连续、放射的线条，横向延伸、纵向紧致，结合 LED 灯带，光和影交织而入，构建了排竹云海景致。

江南水韵　园林逸境

injoy 扬州新城·吾悦广场

开发商：新城控股集团｜项目地址：江苏扬州邗江区竹西路与江都路交汇处
占地面积：161 918 平方米 ｜ 建筑面积：323 836 平方米｜容积率：2｜绿化率：35%
景观设计：山水比德园林集团
主要材料：玻璃、铝板、黑卵石、大理石、花岗岩等

扬州，是水墨江南醉美之地，追溯历代诗词典籍，都绕不开运河水韵，离不了烟雨扬州。扬州新城·吾悦广场坐拥古运河北岸，根植于本土文脉，承接扬州"水韵"，致力于营造极具东方气质的新中式院落，建造一座依河而立的"古韵新城"，开启未来高端住宅和幸福的无限可能。

新城吾悦广场是集商业消费、文化娱乐、演艺休闲、高端居住为一体的体验式城市综合体，作为目前扬州运河北岸唯一的城市综合体项目，以其特有的东西依水岸延绵、南北高低建筑群错落的规划布局，与大运河风光共同呈现一道长达约 600 米的水岸天际线，打造运河风光与园林逸景交相辉映的醉美水岸人居。

新城控股 FUTURE LAND ｜ 吾悦系

项目概况

扬州新城·吾悦广场新城集团旗下吾悦系列的第25座商业综合体，位于竹西路与江都路交汇处东南角，坐拥古运河北岸，涵盖时尚购物中心、风情商业街、瞰景高层、电梯花园洋房、低密别墅等业态，是集商业消费、文化娱乐、演艺休闲、高端居住为一体的体验式城市综合体。在整体规划上，其示范区分为前场和后场，前场是未来商业综合体的样板，后场是住宅的样板，共同构成高端的居住区。

景观设计

示范区的景观设计秉承大区的设计理念，营造极具东方气质的新中式院落。

入口：涌泉、书画、松树交相辉映，形成清雅、大气的第一印象，结合门楼和廊架，彰显东方气质，营造迎宾送客之礼仪，顿生"春风十里扬州路，卷上珠帘总不如"之感。

风雨连廊：风雨连廊呈现出"曲延立长"的悠扬之美，唤起归家的渴望。原木色为主色，与黑灰白石景和影绰绿竹互相映衬，营造极具生命力的空间观赏体验。

中央水景：庭院设置了大型中央镜面水景，承载建筑与景观的倒影，深化视觉及空间的感受，烘托恢弘的气势，增添静雅、古朴的庭院氛围。华灯初上，光影交错，镜台映月，灵动而不失稳重。

样板间：后场为样板间，绿植、水景和复古景观灯融为一体，构建观树、赏景、听水、品茶的休憩空间，营造"繁茂似锦"之境，同时不失舒适温馨。

材料应用 说明 ‖ 材料的色调上，以原木色为主色，同时以黑、灰、白石景和影绰绿竹映衬，营造极具生命力的空间观赏体验。

① 彩色玻璃

② 比萨灰大理石

③ 中国黑大理石

现代苏韵 格调宅邸

✦ 苏州绿地·海域乾唐墅

开发商：上海绿地集团 ┃ 项目地址：苏州相城区阳澄湖西路与御窑路交汇处

占地面积：66 011 平方米 ┃ 建筑面积：33 000 平方米 ┃ 容积率：0.5 ┃ 绿化率：35%

建筑设计：GOA 大象建筑设计有限公司 ┃ 景观设计：奥雅景观设计公司

主要材料：钢砼、灰黑色英石、木质装饰隔板、大理石、装饰木条、仿石材砖等

　　苏州绿地·海域乾唐墅所在地块定位为"未来城市副中心"，所以项目锁定当地成功人士，致力于打造"城市别墅第一居所"，以华丽、大气的形象，展现有别于传统的中式风格。无论是户型、空间还是立面风格方面，其设计均在符合现代生活流线的理念基础上融入传统中式的韵味。景观主张"天人合一，浑然一体"，建筑设计则对中式传统立面进行抽象与提炼，在细节上保持了中式的语调及美感。

　　同时，项目强调当地建筑文化与地域特色的结合，将中式特色与城市型别墅住区资源和土地利用最大化的开发模式相契合，整体规划将传统街巷与资源利用最大化的理念相结合，以江南街巷的空间尺度，打造枕河而居、优雅舒适、尊荣又不失格调的当代苏州私家宅邸。

🏠 绿地®集团 ┃ 海域系

区位分析

项目位于苏州相城区核心，人民路北延段，与相城区政府相距4千米，紧邻大型城市商业广场及活力岛商圈，周边配套完善，交通便捷。基地周边有元和塘等多重水系环绕，南侧为阳澄湖西路及陆慕桥，西侧为市政河道及市政绿化带，东侧为陆慕老街及元和塘，整体基地地势较平整，基地与西侧市政绿带有一定高差。

规划布局

苏州绿地·海域乾唐墅规划采用整体延续、里坊交错的街巷式布局特点，通过街、巷、院，打造三重空间及三级物管，营造特色化住区形态。建筑布局方面，通过群体序列的聚落感，凸显中式院落文化；交通布置上以有序、分流、私有化为创新原则。

项目共规划132套房源，包含类独栋、双拼及合院联排别墅，并对私宅的每一户院落都做了充分分析，根据每一户的平面布局，划分停车和入户动线，使每一户独栋都拥有独立的前院和后院空间。

景观设计

绿地·海域乾唐墅在景观设计上依托河道环绕的地理位置，以江南街巷的空间尺度、江南园林的设计形式、江南传统的装饰语言，打造枕河而居、彰显优雅精致生活格调又不失尊贵的江南私家宅第，通过对路、院、绿、水、建筑的精心处理，达到园与宅的和谐统一。

建筑设计

项目采用现代抽象与局部装饰艺术相结合的新中式装饰主义，整体上讲究古典秩序感，重视比例与形式，通过变形、简化、几何化处理，将古典装饰转变为现代装饰。

设计还考虑传统形式与现代材料的结合，对传统立面要素进行抽象与提炼，以檐、墙、院、廊来体现中式建筑韵味。

项目的建筑部品配置采用"规模化定制"模式，以标准化构件与节点形式进行工厂加工，既保证了中式效果，又有效降低了成本。

示范区设计

项目根据场地自身特色和建筑布局，结合设计主题"金粉姑苏，雅逸江南"，融入"一街、二桥、三水、九巷、百院"的设计思路，使空间层级清晰明了、富有特色，延续了传统苏州园林特色及苏式韵味。畅和巷、集芳巷、长春巷等九条巷道寓意九五之尊，在保留苏式建筑连续曲折的街巷特色的同时，融入现代建筑简洁精致的时代气氛。

极具登堂入室感的巷道小径，高低错落的植被景观，传统与现代风情结合的精工别墅……示范区景观设计了前场－前庭－后府－山水园的空间序列，希望业主感受到在市－河－径－桥－庭－府－园的层层递进与空间体验中，进而放下尘世的喧扰，回归到家庭的温馨与放松。

售楼部设计

售楼部合新江南风与新中式风于一体，将现代元素和传统元素结合在一起，在功能上满足现代生活的需求，在形式上融合传统建筑的元素，将现代材料和技术与传统建筑中的形式与空间相结合。室内采用对称式布局，高雅装点如镜辉映，间夹明清风格饰品，以黑、红、金三色烘托世家风范。古玩、瓷器、字画、匾幅……如星辰镶嵌于夜幕般，点缀在抬眼所见之处，处处浸润着生活的雅趣。售楼处也突破性地将声、光、电等各种高科技手段结合，于百寸投影幕上将相城之盛与乾唐墅之美娓娓道来，为客人勾勒出一幅东方世家的悠然人居画卷。

① 园林假山石

② 黄锈石墙面石材

③ 仿铜铝板

④ 芝麻灰花岗岩

材料应用说明 采用钢砼基底错落的方式来塑造山瀑整体高差与造型,不仅可以减少石头的用量、降低成本,同时可以更好地控制叠山的体量。石头类型则以灰黑色的英石为主,其用来塑造山水空间及边界,在色泽、花纹、质感、形态等方面都尤为适合。

材料应用说明 古色古色的木材与简单素雅的石材自然衔接，呈现出亦古亦今的空间氛围，在体现生活实用性的同时，也满足了人们对传统文化的追求。

① 木质装饰隔板

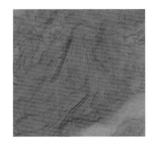

② 金叶米黄大理石

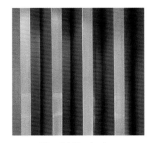

③ 装饰木条

④ 直纹白玉大理石

现代中式

现代中式建筑，

是不割断中国历史传统文脉的当代创新设计，

是对中国传统建筑的一种传承和发展。

它不仅很好地保持了传统建筑的精髓，

并且有效地融合了现代建筑语言与设计审美，

以现代之"形"体现传统建筑文化的"神韵"，

古今融合，历久弥新，

打造永不过时的东方美学，

呈现现代、简约、秀逸的空间。

身居其中，

可在诗情画意的风景里徜徉，

体会淡雅悠远的东方韵味，

亦可享受现代时尚生活方式，

获得舒心便捷的居住体验。

杭州万科·竹径云山

上海绿地·朱家角壹号

北京中粮天恒·天悦壹号

上海青浦·水悦堂

合肥北雁湖·金茂湾

苏州东原·千浔

南京新城·源山

中式墅居 古韵之美

杭州万科·竹径云山

开发商：万科集团 ｜ 项目地址：杭州良渚古墩路与东西大道交叉口西

占地面积：108 069 平方米 ｜ 建筑面积：202 663 平方米 ｜ 容积率：1.32 ｜ 绿化率：34.19%

建筑设计：上海日清建筑设计有限公司 ｜ 景观设计：普利斯设计集团

主要材料：竹子、石材、玻璃、壁纸、木饰面、布艺等

　　"宁可食无肉，不可居无竹。"从古至今，文人墨客都爱在其居所种植竹子，以取宁静致远之意。万科·竹径云山，也是一个有着竹子意蕴的居所，它坐落在良渚太璞山山麓，从山脚沿着道路步行上山，阳光穿过竹叶的间隙漏在路面上，颇有隐逸之味。项目依托自然山体走势，赋予建筑隐于山林之中的飘逸感，园区顺应坡地的高差，层层抬高。从竹径云山的露台望出去，清风明月都在怀中，相映成趣。

　　除了地理位置优越、自然资源丰厚、环境清幽雅致⋯⋯万科·竹径云山也是杭州万科住宅理念转变的典型代表。从住宅性能升级至空间性能，竹径云山专注于院落空间的打造，从公共院落、组团院落到私家院落，呈现出丰富而有序的空间礼仪感。

vanke 万科 ｜ 山居系

项目背景

5000 年来，良渚作为一个优良的栖息地，在时代的更新和文化的发展中，始终保持着尊重自然，保护环境，尊重居民安居乐业的生活方式，坚持着原创、首创、独创、外拓为特征的良渚精神。万科着力打造的良渚文化村规划中有着完善的配套设施和舒适的生活环境，便捷的交通连接都市中心，有充分的商业活力和独特的文化氛围，同时又保持了小镇所特有的宜人尺度和生活气息，这样一个良渚大背景成为"竹径云山"项目的土壤及养分。

规划布局

鉴于容积率和地形的限制，项目将地块一半规划为有创新性的叠拼和类独栋产品，另一半为 6-10 层的洋房产品。低层区有 14 栋建筑，通过叠拼与类独栋形成的"视力表"组团围合形成有强烈领域感又相互独立的 6 个组团，结合地势，与 16 栋小高层区域相邻，在满足充分日照和视线资源的情况下，与整个大的地势形态保持和谐。

建筑在总平面上的错落组合避免了并列式的布局，形成了景观轴、邻里巷弄、近端花园不同的规划层次，在保证建筑空间的舒适尺度的同时，保留了难得的人文情怀。适宜的尺度与空间构建起人与环境的紧密联系，形成了人们群居的秩序与组织结构，更进一步创造了独特的地域文化。

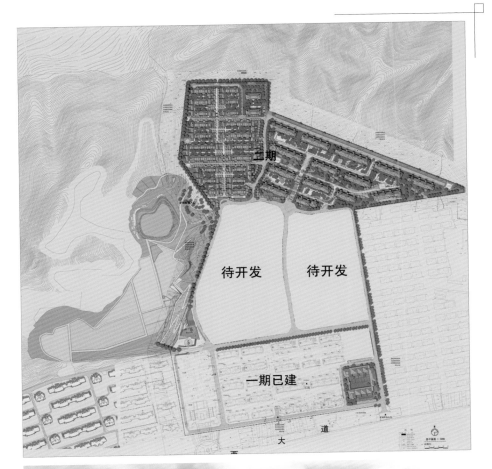

景观设计

在景观设计上，竹径云山充分利用了自然形成的南低北高地势，并最大化地利用了周边环境所形成的氛围，以"竹子"为主要元素，运用大量不同类型的竹子作为景观的主要绿化背景。步道两边以竹林为界，由南至北的景观主轴曲折蜿蜒，随地势缓缓而上，让人如行于山中，亦有赏竹寻路之意境，写意地打造出一个"于自然美景中生活"的现代化居住空间。

墙体上运用虎皮黄等石材使之更具自然野趣，入口的水幕墙与雾森结合，水雾袅绕如同进入仙境，门楼景墙上书"竹径云山"四字，既为标示又巧妙地点景。从门楼右侧拾阶而上，穿过景观墙后的平台，则可进入样板区。

低密度排屋区借中式"里弄"的概念，形成了组团式的院落空间，窄巷和高篱在空间上加强了庭院的私密感。样板庭院中设计了小水景、户外餐饮、"一米"菜园、多肉植物园等，鼓励业主更多地享受户外时光，在庭院中休憩、用餐、举行小型派对等等。

户型设计

咏竹院户型

咏竹院户型是竹径云山首推的 15 套类独栋别墅，面积为 173 平方米，产品做到客餐厅空间一体化，提高了公共空间通透性。户型的设计立足于室外自然景观的独特性，将高附加值体现在全景露台、独享花园、多处飘窗设计之中，人在景中亦为景。设计对室内功能空间的尺寸把控既满足舒适性，又不过度奢侈。

竹影院户型

竹影院户型为 122 平方米的叠拼户型，配置为三房两厅三卫，分为下叠两层，上叠三层。上叠和下叠连通了独立电梯，上叠电梯直接入户，既便捷，又凸显尊贵。该户型采取卧室、客厅全南向设计，使得采光和取景都是上佳之选。舒适景观厨房及大尺度横厅的设置保证了餐厨的舒适性，动与静、干与湿、洁与污、公共与私密分区明确。

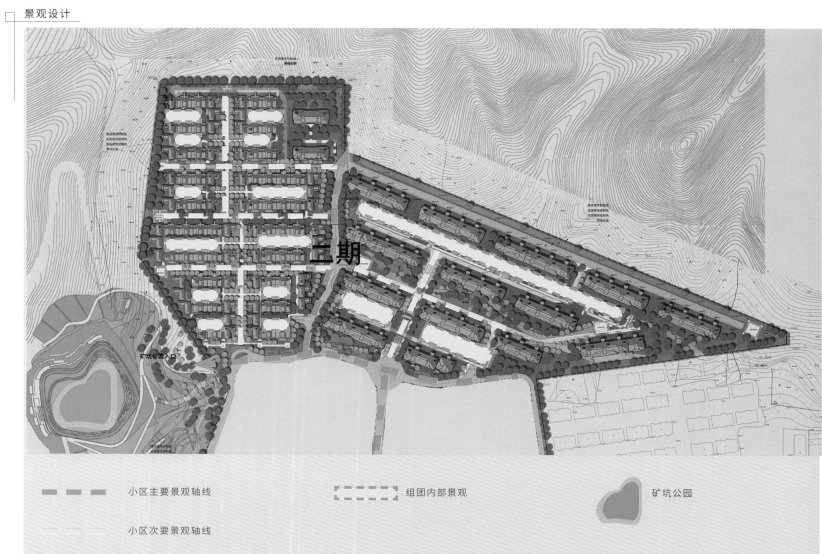

二期

—— —— —— 小区主要景观轴线　　╎ ╎ ╎ 组团内部景观　　♥ 矿坑公园

—— — —— 小区次要景观轴线

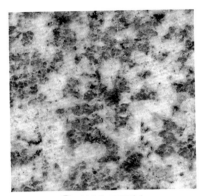

① 黄锈石石材

1

材料应用说明 地面铺装选用虎皮黄石材，其特殊的纹理及色泽为整个场景增添了自然野趣的意味，周围竹林环绕，让人有"行于山中、赏竹寻路"之感。

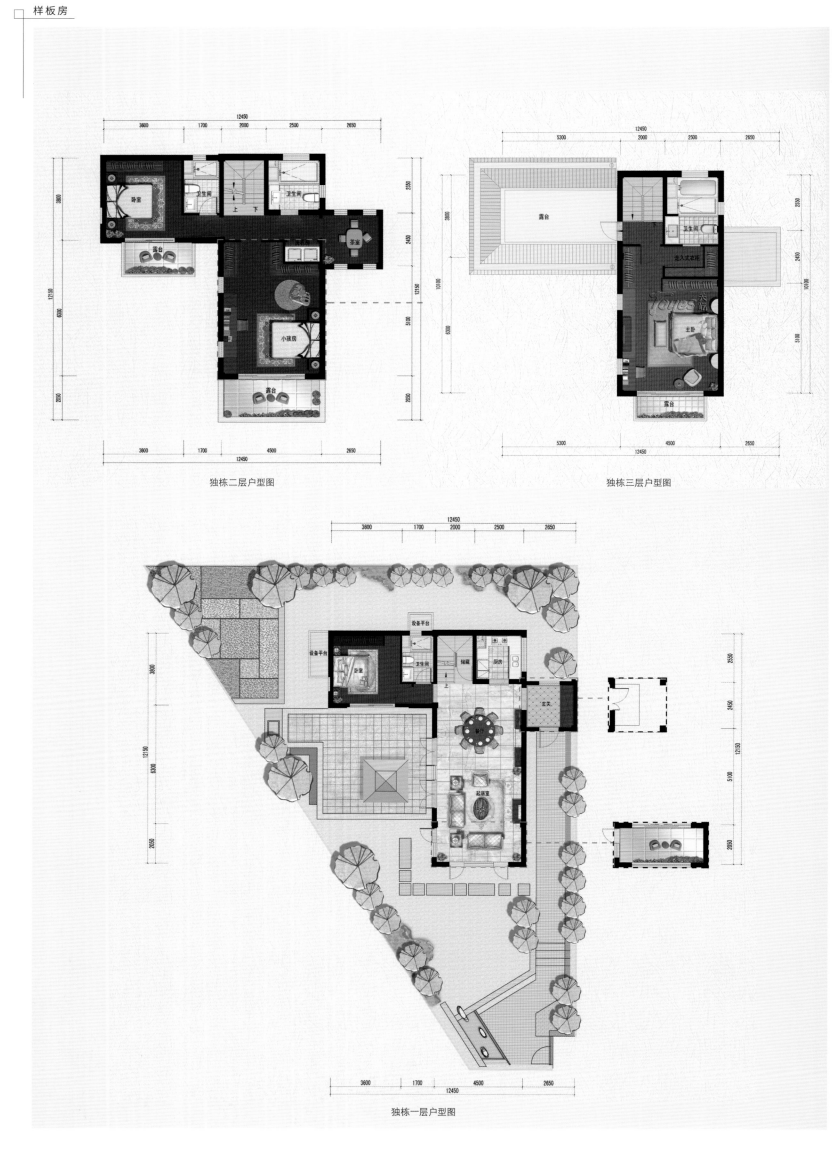

独栋二层户型图

独栋三层户型图

独栋一层户型图

古风今韵 情感归所

上海绿地·朱家角壹号

开发商：绿地集团｜项目地址：上海市青浦区朱家角镇沙淀中路 288 号
占地面积：118 432.8 平方米｜建筑面积：193 571.8 平方米｜容积率： 1.01｜绿化率： 30%
建筑设计：GOA 大象建筑设计有限公司
主要材料：铝材、铜、反光玻璃等

朱家角是上海四大历史文化名镇之一，上海绿地·朱家角壹号传承了该地区丰厚的文化底蕴，同时注入创新的时代精神，打造出经典的新中式建筑，并将建筑作为载体，建立人与自然、城市和社会之间的联系，为人的生活空间寻求内心的文化归属。

项目采用新中式风格，以最为适宜的规制、材质、设计及工艺呈现，将恢弘而安静的气度完整传承；在整体上讲究古典秩序感，重视比例与形式，通过变形、简化以及几何化处理，将古典装饰转变为现代装饰，独具韵味而不失时尚活力。组群分布也结合了传统里坊与庭院的理念，重建符合现代中国人需求的人居环境。

对土地的尊重，对文脉的敬仰，使得朱家角壹号气质融入了古风今韵的庭院文化，让别墅完美根植于这片土地。

绿地®集团 ｜ 壹号系

区位分析

　　项目位于上海市青浦区。青浦位于上海东西发展主轴线的西端，距人民广场40千米，距离大虹桥商务区25千米，接受大虹桥商务区辐射；十二五规划中确定青浦城区为上海三大重点郊区新城之一。青浦未来规划格局是基于现有发展基础之上来构建一城两翼的结构，形成赵巷商务区、虹桥商务区、老城区中心及环湖经济圈多个区域中心，区域发展动力明晰，呈现多元化、差异化。依托青浦区的发展，项目前景十分可观。

设计理念

　　随着人与城市间关系的不断演进，住宅所拥有的"舒适"已不再指向单纯的身体需求，而更多是人们对栖身之所的心理需求。对地域的认同，对品质的追求，皆来自于人们最为本真的对"家"的情感回归，建筑空间此时便成为思维与情绪安放的场所。绿地·朱家角壹号即是将人的这种情感归属融入设计理念，以人为本，从规划布局、建筑形象、材质肌理、空间环境等多方面入手，创造出清新、简约、精致，能够体现生活品质，满足原始情感需求的高级住所。

布局规划

　　建筑的整体布局尊重地形与环境，中央景观带自然分隔出南北两区域，南块叠拼组团，北侧联排对望，既遵从传统礼制，又富于变化。组群分布保留了传统中式城市街区整体延续、里坊交错的特点，同时利用建筑围合庭院，汲取传统院落文化的精粹，将土地以庭院的形态有效分割至每一户，围合出独门私院的隐逸空间。外敛内张的生活哲学衍生出中式建筑向心性的平面构成。环境的平和与建筑的含蓄烘托出"静""净"相生的居住理念，使建筑序列与生活密切结合，尺度宜人不曲折，造型简朴而精致。

建筑设计

　　项目整体造型采用新中式风格，通过对传统立面要素的抽象化提炼，加入现代元素，在细节上保持了中式的语调及精致的美感。以米黄色为主的墙体配以铜色相间的线条，构成方格立面，既以虚实对比的设计手法体现中式建筑内敛而大气的特点，保留传统中式建筑屋檐、实墙、庭院等典型元素，又以现代建筑的材料和建造工艺，吸收现代居住的理念，在简洁中彰显细节，营造了传统与现代的和谐统一。清晰的转角、高耸的屋顶、简洁的造型、精确的比例、强化的功能以及良好的施工品质，使建筑在风格上既保留了中式住宅的神韵与精髓，又给人以光洁而严谨的现代整体感。

景观设计

　　朱家角壹号的景观设计精密结合社区规划设计，体现多层次的景观空间，运用简约的设计构图手法，主要以植物造景为主，搭配适量的流畅园路、体现休闲功能的仿木花架、木质坐凳等，提供居民休闲散步的地方，使人在闲暇之余养精蓄锐、醉心绿林。

　　项目运用"广场"、"对景"形成主要景观节点，通过"轴"、"线"、"点"多形态构成以及景观步行道、水系和穿插其中的情趣庭院景观，映衬若隐若现丰富的建筑造型，使每个景点相互呼应、相互衬托，形成一个完整的景观系列，同时又各具特色，使小区形成良好的景观及舒适的生活环境，为社区居民提供更多的交往空间，享受到最大的景观视线。从整个社区来看，这样的设计既体现了景观中心概念又实现了社区组图的均好性。

景观节点

景观主轴

景观次轴

步行景观带

风情商业

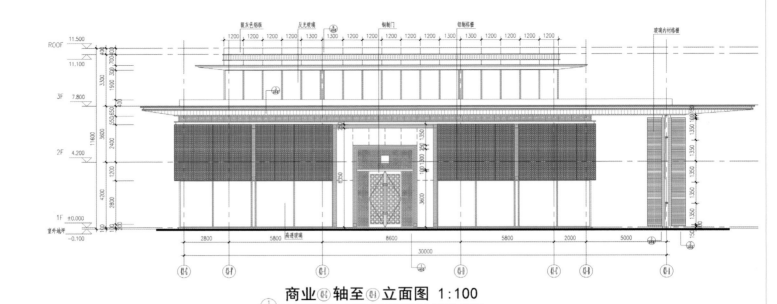

商业⑧轴至⑪立面图 1:100

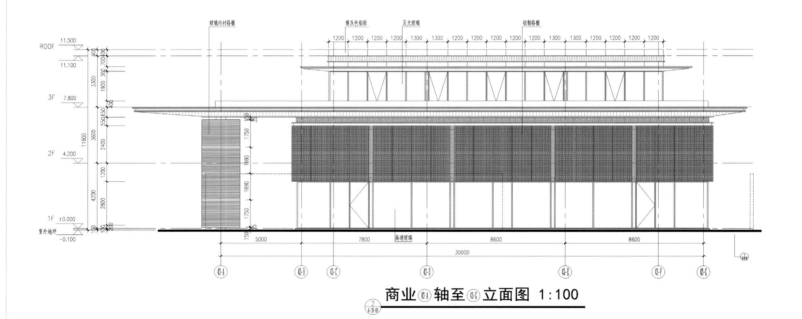

商业⑪轴至⑧立面图 1:100

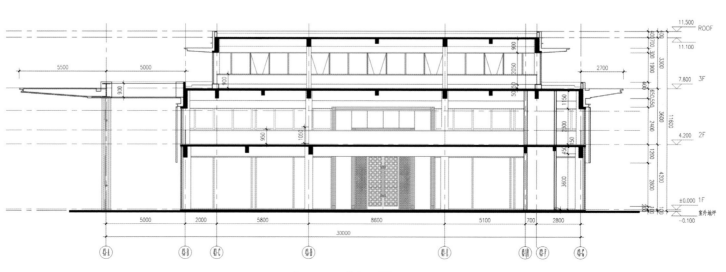

商业1-1剖面图 1:100

材料应用说明 整个建筑以暖灰色调为主，彰显沉稳和大气，同时，大量玻璃的使用又使其不至沉闷，增添了几许灵动和现代感。大门以铜铸就，豪华而气派。

① 铜制大门

② 暖灰色铝板

③ 铝制格栅

现代东方演绎

北京中粮天恒·天悦壹号

开发商：中粮集团、天恒地产 ‖ 项目地址：北京市丰台区

占地面积：134 550 平方米 ‖ 建筑面积：201 825 平方米 ‖ 容积率：2.2 ‖ 绿化率：30%

建筑设计：JWDA 骏地设计 ‖ 室内设计：W.DESIGN 无间建筑设计有限公司

景观设计：深圳奥雅设计股份有限公司 ‖ 软装设计：LSDCASA

主要材料：金属、大理石、纯铜等

　　天悦壹号位于北京市丰台区，中国戏曲文化中心。以院景叠拼、全景大宅两种产品、人性的服务以及完善的交通、配套，铸就北京又一经典之作，为居住者带来典雅舒适的居住体验。

　　项目示范区以古典名曲"春江花月夜"为主题构思规划，以音乐为桥梁，将中国的古典名曲应用于景观主题设计中，同时秉承现代景观营造体系，精心打造7万平方米的舒适园林以及52处园林细节，将美与人性融合，营造南城独有的全景化诗意栖居景致。

　　项目售楼处的设计取意平行中国，打破形式上迷恋中国的桎梏，在方法、材料层面拆解、重组，用很现代的形式构建传承于东方的意境。

中粮 COFCO ｜ 天恒集团 TIAN HENG GROUP ｜ 改善系

项目概况

天悦壹号位于北京市丰台区西南四环与五环中间，距离地铁4号线新宫站600米，紧邻京开高速，位处丰台区核心区南部。项目依靠优越的绿化资源及北部中心区的商业配套，旨在打造一个设施完备、独具特色的高品质社区。

布局规划

项目的建筑布局强调存在感、归属感和私密性，利用景观设计手法，营造多层次的公共空间，并依据景观资源的特征形成产品等级的合理配置。

整个地块的东区为住宅区：北侧布置高层住宅，依据景观资源的特征配置不同面积的户型，围合成中央大花园，形成高品质的景观社区；南侧靠近绿地布置多层住宅，尽可能将土地资源归于多层院落之内，把更多的空间引入每户的院落内部，充分挖掘了土地的利用价值，成为业主真正的私有资源，大大提高产品价值。

景观设计

在示范区有限的空间内，设计师秉承"转承启合""步移景异"的设计手法，将《春江花月夜》的节奏韵律融入到景观组团中，设计节奏如乐曲般婉转流长，时而热烈激昂，时而幽静安详，由慢而快，由弱而强。前庭区一进见山，步入中庭区二进见水，拾级而上，到后庭区三进见廊，复前行，内院区四进开朗，整个空间体验在山水接映下转承启合，豁然开朗。

在材料选取上，设计师承袭现代景观营造精髓，甄选佳材，处处可见的细部设计，专属纹样与精挑细选的景观置石，叙说精神生活的讲究与雅致，打造现代生活的自然与舒适。植物造景考虑三季有花、四季有景，栽植名品树种，寓意美好。

售楼处设计

设计理念

当代中国不得不在一段很短的时间内走完西方世界上百年的都市化进程，这种急进乃至异化导致很多人感受到传统文化的失落，由失落带来恶补般地"复古""返古"充斥在我们身边。设计师希望摆脱这种形式上迷恋中国的桎梏，表达"中国"不需要去历史里"借尸还魂"。基于此，天悦壹号售楼处的设计以"平行"为主题，割裂传统，用很现代甚至是西方的方式，来解答传承于东方的意境，营建属于当代中国人的"中国"。

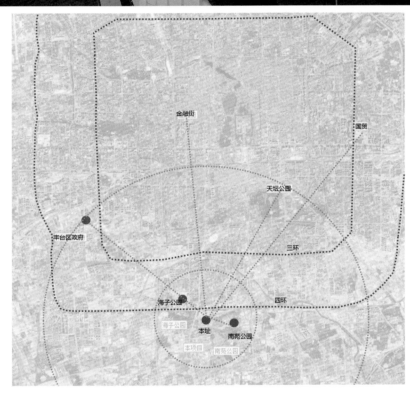

室内设计

售楼部通过似离而合的空间界定以及线条尺度变化，呈现出不同气场的呼应与共振，构筑空间节奏和东方人文礼序，完整表达空间高度的精神性。

大堂采用整块金属锻造而成，透过肌理的疏密以及颜色的渐变呈现出山水画浓淡交错的景致，再以纯铜锻造的圆石与大理石水景台构成"山水"渗透的意象，动与静、柔与刚静默交融。

休闲区以水吧台为界，分为西式和中式片区。西式片区意图打造一个美式的咖啡馆，设计师用横向6米长的沙发化解了墙面"高岩耸立"的压迫感，选用意大利品牌STELLAR WORKS单椅，其严谨的架构与中国传统的榫卯技艺不谋而合。

在深入洽谈区，设计师运用图书馆概念，将顶天立地的铜网格和书架作为空间模糊的界定，形成空间的通透感和纵深感。大面积的墙面留白为之后的细节营造预留空间。深谈区的两端，漆墨色圆融线条与意大利品牌HERITAGE的米白色藤编椅背浑然天成，无论配色、形态都极易让人联想到太极的刚柔消长。

书吧的设计上，设计师将大幅线与钉透过点、线的组合、连接，以不同的疏密和结构，描摹墨色的深浅变化，仿若一幅现代的"泼墨"。

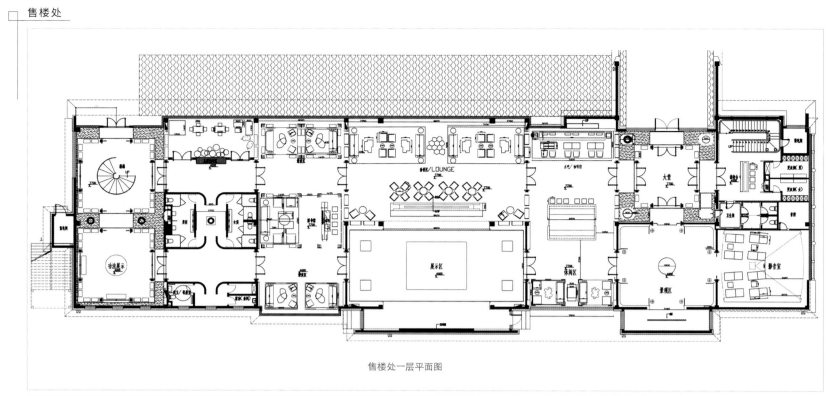

售楼处一层平面图

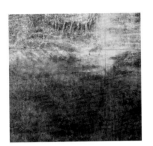

① 金属装置画

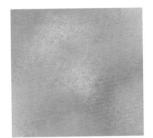

② 纯铜

③ 中国黑花岗岩

材料应用
说明 一整块金属经由艺术家的巧手制成装置画，透过肌理的疏密以及颜色的渐变，呈现出山水画浓淡相宜的景致；纯铜锻造的圆石与大理石水景台构成"山水"渗透的意象，动与静、柔与刚，静默交融。

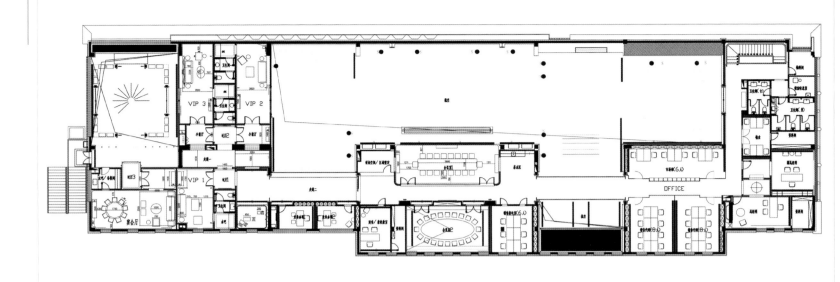

售楼处二层平面图

文化与建筑的融合

上海青浦·水悦堂

开发商：金地、绿地、保利 ┃ 项目地址：上海市青浦区淀山湖大道与浦泰路交汇处
占地面积：100 000 平方米 ┃ 建筑面积：70 000 平方米 ┃ 容积率：0.7 ┃ 绿化率：40%
景观设计：墨刻景观（示范区） ┃ 室内设计：上海飞视装饰设计工程有限公司
主要材料：金属、青砖、超白玻璃、石灰石、大理石、木饰面等

上海青浦水悦堂由中国房企三大巨头金地、绿地以及保利合力打造，旨在重建都市生活的精神家园，为都市峰层构建一座身心憩养之所，开启西上海人文墅居盛宴。

项目位于人文底蕴深厚和自然资源丰沛的朱家角古镇，溪山清远、流水环绕，其景观借鉴上海"水乡里弄"文化，以"一厅、一水、一街、四园、五巷、十八弄"的格局，营造尊贵独享的院落式空间。售楼处设计以传承及发扬青浦文化为使命，将建筑作为传承文化的载体，通过简洁的形体和材料语言，将传统元素融入到当代中，演绎出极具古典艺术气息又不失现代大气尊贵感的空间，实现文化与建筑、空间的完美融合。

绿地®集团　　金地集团 Gemdale 科学筑家　　保利®地产 ┃ 改善系

项目概况

青浦水悦堂是由金地、绿地和保利三大地产开发商联袂打造的纯别墅社区，坐落于上海市青浦区淀山湖大道与浦泰路交叉口处，该地块属于朱家角版块生态旅游区，周围水网密布。项目建筑为新亚洲风格，线条简洁精致，简约大气中透露出清新淡雅，其景观设计力求同建筑风格相契合，借鉴上海"水乡里弄"文化，采用联排式住宅布局方式，营造出尊贵独享的院落式景观空间。

设计理念

青浦是上海文化的源头，其中的崧泽文明开辟了史前文明的新篇章，也孕育了六千年的海上文化之魂。唐宋时期，这里更是文化交流的码头，著名诗人苏东坡、书法家米芾、藏书家庄肃等都在此留下了足迹。基于如此深厚的文化背景，设计师将传承青浦文化的光辉并使其得以流传作为使命，力图将文化完美地融合于建筑和室内空间之中。

景观设计

项目呈现"一厅、一水、一街、四园、五巷、十八弄"的整体格局，以"月照清泉""深街幽巷""园中寻趣"主题空间，展现一幅"幽栖巷陌，枕水人家"的水乡画卷。

前庭区，一进见水：入口围绕王维《山居秋暝》诗句呈现"月照松影，清泉流溢"的画面，营造归家静心之体验。分立两侧的"精神堡垒"与"劲松叠山"奠定了整个示范区品质、尊贵的基调。前庭中央镜面水景与"劲松叠山"交相呼应，亦动亦静，亦近亦远，错落有致的植物作为背景，使人仿若置身境深远、舒适宜人的山水之间。

中庭区，二进见院：中心水庭富含禅意，庄重大气的建筑与其在静面水池中的倒影交相辉映，亦虚亦实；下沉庭院四周大面积砾石散置，营造静谧感；特色种植

强化中庭半私密的空间感，营造专属尊享、自然雅致的二进空间。

后庭区，三进见竹：后庭区没有虚张声势的构图，也没有争奇斗艳的色彩，有的只是婆娑的竹影，简洁而实在，让人体会自然与人文的交融，于青翠之间洗涤心灵。

售楼处设计

售楼处室内空间通过简洁的形体和材料语言，将传统元素融入到当代中，演绎出极具现代感的精髓大气，同时契合中式含蓄内秀的设计精髓，空间结构与比例拿捏严谨，借助利落线条及石材、木材的搭配运用，呈现视线交织的美感。

设计师翻阅大量青浦前贤著作，将文人的书法笔墨"挥洒"于天花板上，让参观者感受到书法带来的美与震撼。洽谈区与VIP空间内采用木竹纹理的屏风隔断，将东方传统的写意山水手法贯穿始终。

倚靠大自然礼赞的秀色风景，软装采用写意的黑白灰色系的色彩及材质，呈现出本质纯粹的空间氛围，每一个场景设定都凸显细节品质与对体验者行为及情感的关照。饰品选择上，植入山水等元素，表面肌理、哑光铁件质感、老物件带来的时光与宁静感，为空间注入厚重历史感。

样板房设计

样板房室内设计采用带有自然质感或纹理的材质来修饰空间界面，并用一些不锈钢、玻璃等现代材料来增强其现代感，为客户打造一个舒适、雅致、宁静、高尚的生活空间。

墙面以木饰面为主，局部使用金属、大理石作点缀，呈现现代东方风情的韵味。空间以优雅奢华的材质为主，在软装选材上，以有质感的棉麻搭配有山水元素的丝光布。家具、绘画、装饰品的设计除了注重表现现代感、设计感之外，更注重围绕东方意境来铺陈，让软装与硬装空间一气呵成。

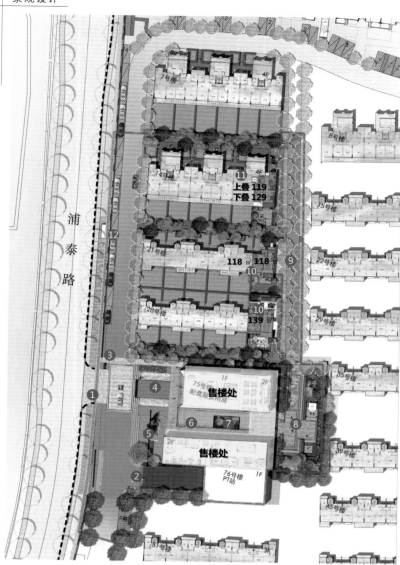

① 车行入口   ⑦ 下沉庭院

② 地库出入口   ⑧ 月照竹影

③ 展示区人行入口   ⑨ 幽巷

④ 清泉流溢   ⑩ 联排别墅样板庭院

⑤ 劲松叠山   ⑪ 叠拼别墅样板庭院

⑥ 中心水庭   ⑫ 停车位

———— 用地红线

·········· 展示区范围线

------- 道路侧石线

N

0   5   10   20(m)

材料应用说明 建筑外立面采用金属材质搭配古朴的青砖，并通过简洁的形体演绎，诠释极具现代感的端庄大气。

① 深灰色金属板

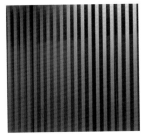

② 仿铜色金属格栅

③ 青砖

④ 仿铜铝板

⑤ 超白玻璃

⑥ 白砂岩石材

材料应用说明 入口处采用仿铜金属搭配通透的落地玻璃窗，碰撞出一种亦古亦今的美感。石材则选取选取珍稀的保加利亚进口沉香米黄石材，简约利落，彰显从容大气。

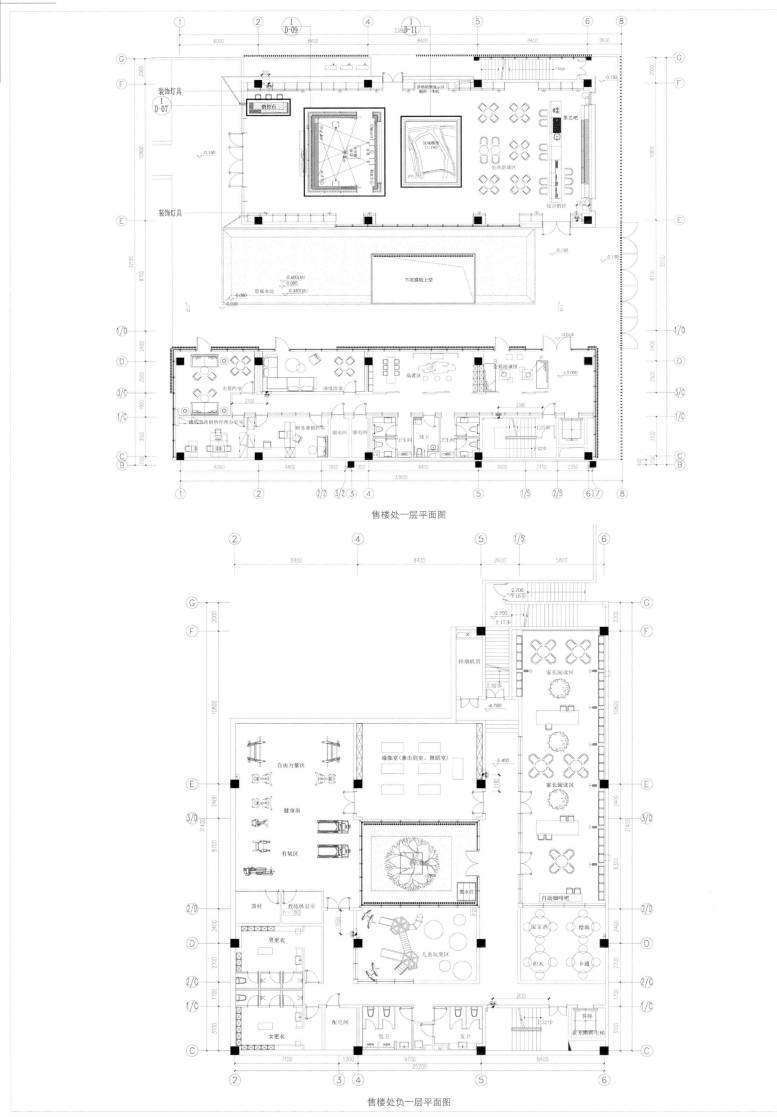

售楼处一层平面图

售楼处负一层平面图

1 金属格栅

2 木饰面

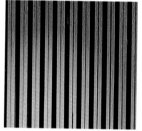

3 仿木色金属格栅

材料应用说明 室内空间借助金属、石材、木材的搭配运用以及利落的线条，呈现视线交织的美感，将自然之美与人文之美完全融合。

④ 爵士白大理石

⑤ 木质隔断

⑥ 木竹纹理屏风

材料应用说明 ‖ 洽谈区与 VIP 空间内，木质隔断与木竹纹理的屏风，将东方传统的写意山水手法贯穿始终。

传承徽派 开启新篇

合肥北雁湖·金茂湾

开发商：金茂集团｜项目地址：合肥市高新区文曲路与复兴路交汇处

占地面积：103 200 平方米｜建筑设计：227 000 平方米｜绿化率：40.98%｜容积率：2.2

建筑设计：上海柏涛建筑设计咨询有限公司｜景观设计：山水比德园林集团

主要材料：铝合金纹饰、米黄色石材等

　　北雁湖金茂湾是中国金茂进驻合肥开发的首个项目，将以金茂府系产品品质标准进行打造，追求极致。该项目坐拥高新区"一山两湖"得天独厚的自然景观，结合场地特质，强调中轴对称的经典规划模式，同时融入现代设计语言与艺术手法，打造集自然景观、智能科技、人居理念全方位为一体的高端湖居豪宅。

　　建筑设计上，北雁湖金茂湾延续别具一格的徽派建筑文化传承，营造多重院落的中式居住体验，开启合肥住宅格局新篇章；景观设计上，北雁湖金茂湾承袭中国千年归家之文明，承启大户出入之礼制，精工营造归家之礼序。

区位分析

　　合肥是一个山水资源比较缺乏的城市，临湖而居是美好而奢侈的享受，而北雁湖金茂湾正位于合肥城市中心唯一拥享湖山两全的板块——北雁湖板块，得天独厚的生态资源，让该项目具备了成为高端别墅区的先决条件。同时，北雁湖板块与政务 CBD 保有适当的距离，既区隔都市喧嚣，又因"四横四纵三轨道"的立体交通路网，可便捷享受城市核心的尖端配套，更能迅捷通达全城。再者，各大商业中心、知名学府、医疗机构的迅速铺开，北雁湖板块正以合肥最高端、最纯粹的居住区域之名，成为人文雅士一致的选择。

规划布局

　　项目强调中轴对称的规划模式，营造多重院落的居住体验。整个项目沿城市道路分为南区和北区两个部分，南区为 14 栋 7 层的叠墅，北区为 18 栋 17-26 层的高层住宅，形成高低错落的天际线，丰富城市空间形象。商业建筑及配套用房位于南侧及北侧入口前区，兼顾小区形象主入口功能，方便小区居民日常生活进出。在小区内部创造最大尺度的景观空间，实现多重景观节奏的漫步体验，打造具有地域文化内涵的城市建筑，巩固"宜居"生态园林居住区。同时，项目内部还设置了约 1000 平方米商业和约 2800 平方米的幼儿园，满足业主日常生活服务和小区内儿童的学前教育。

建筑设计

　　北雁湖金茂湾建筑风格为中正典雅的新古典建筑风格，在造型上不仿古也不复古，而是追求神似的简化手法追求传统样式的形式美。项目古典雅致的建筑外立面灵感源自美国地标建筑——纽约帝国大厦，外观上采用米色真石漆、米色石材等进行搭配，体现传统浑厚的文化底蕴高雅及贵族之身份，底部采用有质感的石材幕墙，提升住宅的尊贵感。外立面元素提取了徽派艺术的精华，延续了徽派的文化传承，同时充分考虑业主的使用舒适感，设置外遮阳系统及太阳能热水系统，减少业主使用成本。

示范区设计

　　项目沿袭金茂系列经典元素，提炼了"金茂"篆刻字和"徽"之木雕构成，融入景墙、水景等细节营造中。

　　隐之堂：内与外（入口与前院）

　　入口简洁大气，景墙处的种植结合地形高差起伏，富有空间感。通过空间边界的转化，外与内的界面从一堵墙和一扇门，变成了有厚度的空间，"庭院"格局由此落定。行至前院，日晷水景成为视觉焦点，非镜非台，纳天光云影、四时万物，觉光阴拂水。水景与建筑相呼应，呈现出庄重的仪式感。

　　水之姿：虚与实（衔接空间）

　　艺术跌水、镂空格栅与远处山水景墙共同构建一个灵动的亦虚亦实的空间，漏景、借景相结合，若隐若现，寻径而入，观水影斑斓，在虚实之间便可体验自然的奥妙。尽端的山水景墙，提炼山的轮廓，营造群山的景深，传递雅淡自然的中式风韵，无处不体现悠然的山水意境。

　　云之庭：大与小（中庭水景）

　　中庭以大尺度中轴水景布局，动感、空灵，并衬托建筑的华美。高低错落的天际线，搭配精致喷泉，形成"大中见小，小中见大"的空间关系，大气、静谧而不失细腻。

　　草之台：动与静（后场）

　　后场打造林荫密植的休闲空间，花木密植，林冠线随着园路曲折变化，搭配简洁宽阔的草坪空间，一动一静之间，在有限的空间内营造无限的舒适感。

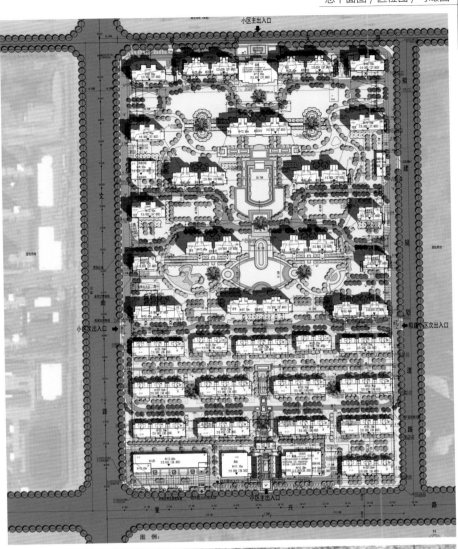

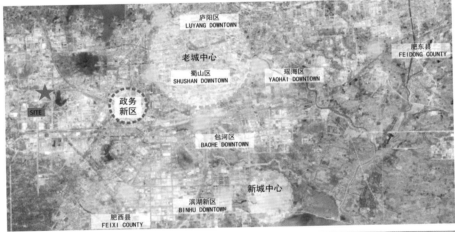

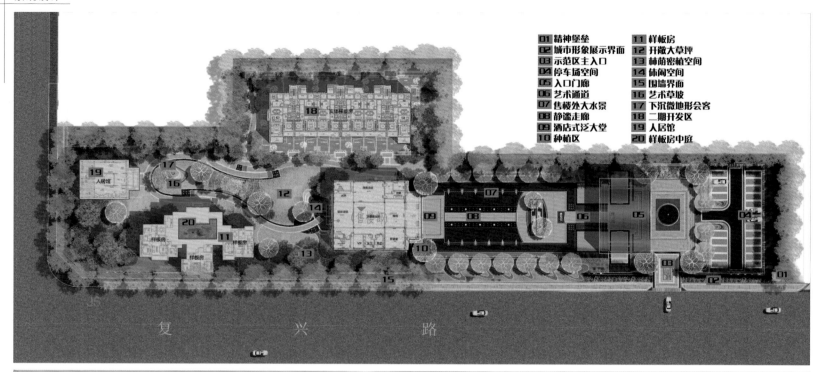

01 精神堡垒	11 样板房
02 城市形象展示界面	12 开敞大草坪
03 示范区主入口	13 林荫密植空间
04 停车场空间	14 休闲空间
05 入口门廊	15 围墙界面
06 艺术通道	16 艺术草坡
07 售楼处大水景	17 下沉微地形会客
08 静谧走廊	18 二期开发区
09 酒店式泛大堂	19 人居馆
10 种植区	20 样板房中庭

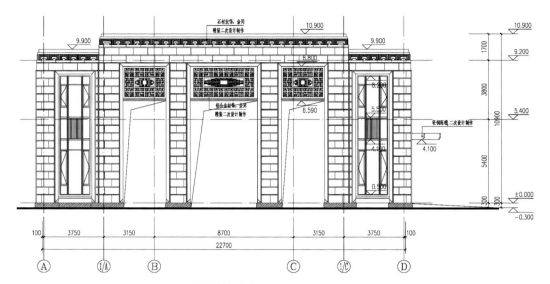

售楼处轴立面图

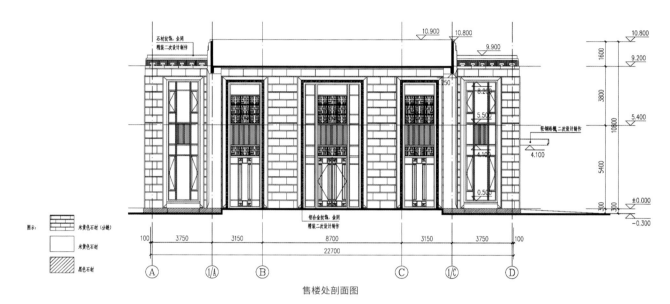

售楼处剖面图

① 芝麻灰花岗岩

② 黄锈石花岗岩

③ 铝合金纹饰

①

②

③

材料应用 说明 石材的粗糙、厚重与金属的精致、轻盈形成鲜明的对比，同时，金属以古典纹饰的形式存在，弱化了现代感，与石材的搭配更为和谐。

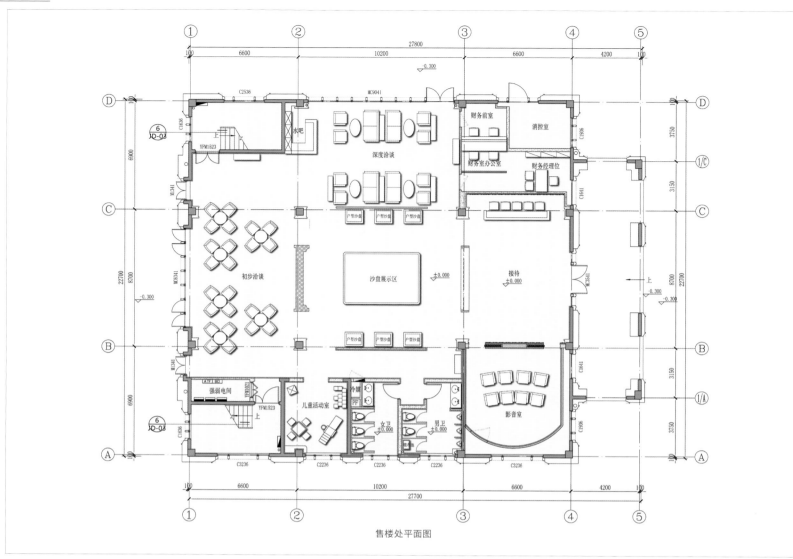

售楼处平面图

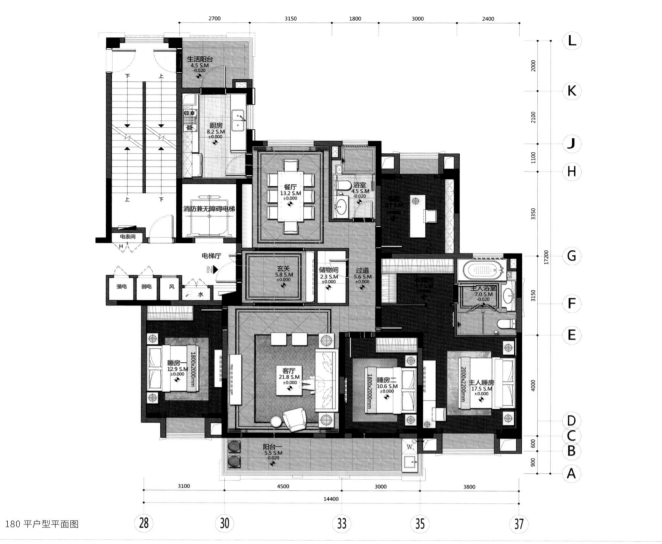

2700 3150 1800 3000 2400

L
2000
K
2100
J
1100
H

生活阳台
4.5 S.M
-0.020

厨房
8.2 S.M
±0.000

消防兼无障碍电梯

餐厅
13.2 S.M
±0.000

浴室
4.5 S.M
-0.020

3350

G

17200

电表间

电梯厅

IN

强电 弱电 风

水

玄关
5.8 S.M
±0.000

储物间
2.3 S.M
±0.000

过道
5.6 S.M
±0.000

主人浴室
7.0 S.M
-0.020

3150
F

E

睡房
12.9 S.M
±0.000
1800x2000mm

客厅
21.8 S.M
±0.000

睡房二
10.6 S.M
±0.000
1800x2000mm

主人睡房
17.5 S.M
±0.000
2000x2200mm

4000

D
C B
600
B
A
900

阳台一
5.5 S.M
-0.020

W.

3100 4500 3000 3800

14400

180 平户型平面图 （28） （30） （33） （35） （37）

简约纯粹　苏州雅韵

苏州东原·千浔

开发商：东原地产 ┃ 项目地址：苏州市华元路北、旺湖路西

占地面积：69 913 平方米 ┃ 建筑面积：188 600 平方米 ┃ 容积率：1.6 ┃ 绿化率：37%

建筑设计：上海齐越建筑设计有限公司 ┃ 景观设计：HWA 安琦道尔景观设计有限公司

社区中心设计：山水秀建筑事务所

主要材料：玻璃、木纹混凝土、铝镁锰板、木质、金属等

　　苏州东原·千浔是东原进入苏州的第一个项目，定位为城市低容积率的纯改善社区，秉承"全龄化社区"的设计理念，打造一个老有所养、幼有所教、青有所乐的美丽家园。

　　项目毗邻虎丘湿地公园以及繁华主城，城市资源与自然资源优越。其以山樾系为蓝本，以创新的手法重新定义江南人居美学，打造园系叠墅、觅系复式等墅居良品，为久居城市的人营造梦想的栖居地。其示范区的设计秉承了全区"公园城市化""社区公园化"的理念，以兼顾私密性与开放性的建筑结构塑造别具一格的社区艺术中心。简约、纯粹的景观设计贯穿于建筑与室内空间中，营造清新脱俗又不失苏州韵致的诗意氛围。

東原 ｜ 改善系
为新的每一天

区位分析

苏州东原·千浔位于虎丘湿地公园旁，邻近主城区，兼顾城市属性和自然属性；毗邻西环快速路以及规划中的中环北线二期快速路，交通便捷；坐拥万达广场、永旺、宜家等商圈，居家尽享繁华；享有黄桥中心幼儿园、黄桥实验小学、黄桥中学等教育配套。

示范区设计

示范区位于东南角，未来将打造为会所配套，集健身、艺术、私宴、便利店等于一体，以满足小区业主生活高端配套需求。

景观设计

景观的设计结合建筑整体风格，与建筑空间互相交合，处处是景，亦处处无景。简约和纯粹是贯穿整个设计的中心。

项目以自然散落的片岩作水景限定人们的行走动线，以长形星空图案的浪花石作铺装增加纵深感。从入口到巷道，夹道竹林形成相对内向围合的线性空间，将城市喧嚣隔绝在外。林下提灯的造型与建筑形态的一笔弧线形成语言呼应，点点银朱红为绿茵增添妙趣，巷道的尽头是立于水面的孤景树。月洞门之后的"浔梦"倒影于水景中的涟漪之上，是道路转折处的点睛之笔。

下沉庭院在设计上旨在展现"君看一叶舟，出没风波里"的江南水乡画面，以有机形态的绿岛浮出朴素的青砖，丰富连廊上客户的俯瞰视线，使人们在天桥上穿梭于竹林中，感受到地下会所"云栖"、美术馆"无界"及下沉庭院"风波里"三者在同一画面中的生活状态。天桥连接后场，样板庭院前设有草坪及艺术雕塑，给人视线上"放"的感觉。定制的雕塑与建筑的语言有对比及冲突，传达一种视觉上的张力之感。

建筑设计

示范区建筑以兼容自然与社会、凝聚与开放为主要理念，用上下交错叠放的剪力墙生成空间，形成了一种特殊的秩序：墙体是围合的，可以划分出不同的空间；空洞是开放的，可以联通不同的空间。这种秩序使得同一场域内实现了"聚散"的空间节奏。

二层的竖向结构主要由南北向的山墙构成，这些山墙自由分布在条状结构上，自然成了屋顶设计的出发点。通过比选，设计者采用了下凹的混凝土筒壳作为建筑的覆盖，在外部以波浪状的山墙形式出现，表达了与水及江南传统建筑风貌的关联。筒壳下的空间则让人仿佛置身于波浪之下，以屋脊为中心，有身在传统双坡屋型内的安定感。

室内设计

社区艺术中心首层由大、中、小三个盒子空间构成的，并有两条山水屏风自在游走，虽然不涉及联动的关系，但涵盖了会所的所有功能：一部金属螺旋楼梯、一个木头盒子、两条风景线，根据参观者的心理感受，控制着室内的节奏。

大厅的设计充分考虑了建筑尺度，与建筑模数相统一，地面上建造木作平台，采用手工螺纹地板拼接而成，并在平台上植入了营销模型、枯山水、销控台等功能，色彩雅致内敛，充分展现了中国人素来喜爱的"静"。影音室以一个纯净的video木盒子示人，在空间中形成一个独立体块，既丰富了空间层次，又协调分割出来的每个空间的逻辑和比例。洽谈区是元素最多的空间，水磨石、木作、金属、玻璃屏风、炉火、软饰等材质在此均独立存在，并与大背景的高级灰融合。

二楼设置一个三进式私宴空间，位于与主空间相对独立的挑廊中，面对秀美的湿地公园。这个狭长对称的空间，延续雕塑手法做了一片顶与两片的木制墙体，营造纯净的氛围。

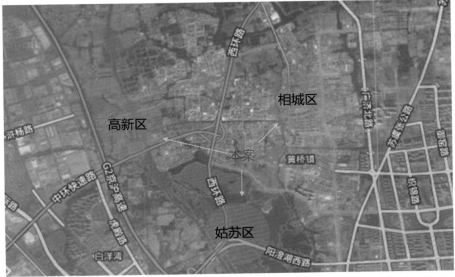

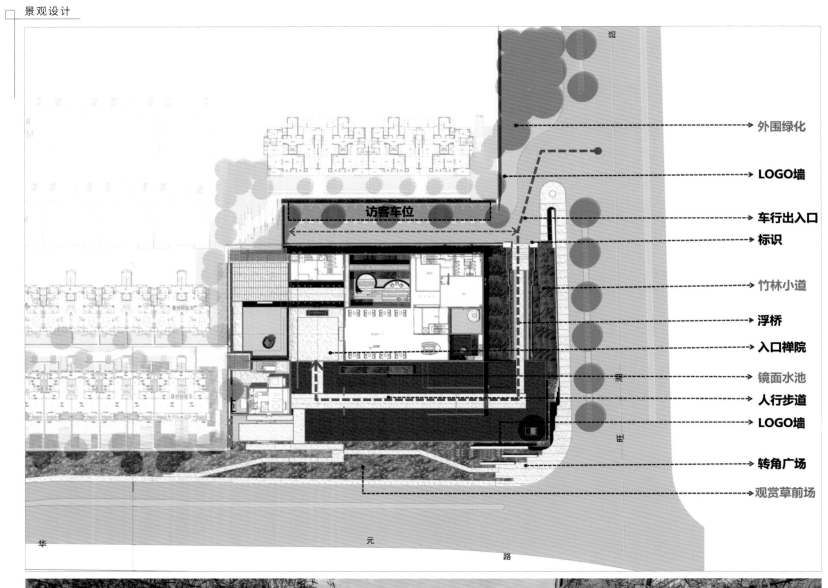

外围绿化

LOGO墙

车行出入口

标识

竹林小道

浮桥

入口禅院

镜面水池

人行步道

LOGO墙

转角广场

观赏草前场

访客车位

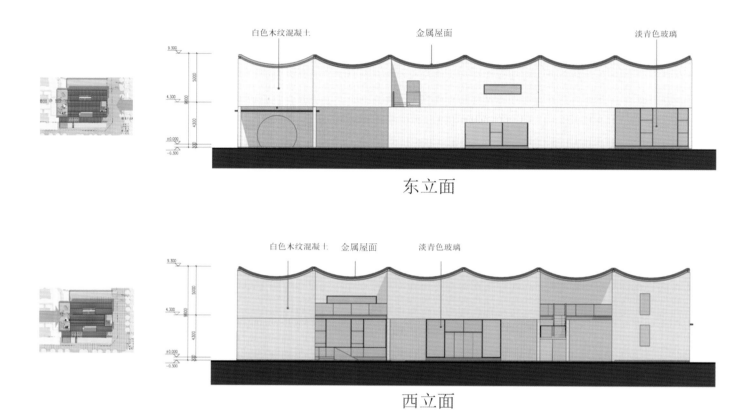

白色木纹混凝土　　金属屋面　　淡青色玻璃

东立面

白色木纹混凝土　金属屋面　　淡青色玻璃

西立面

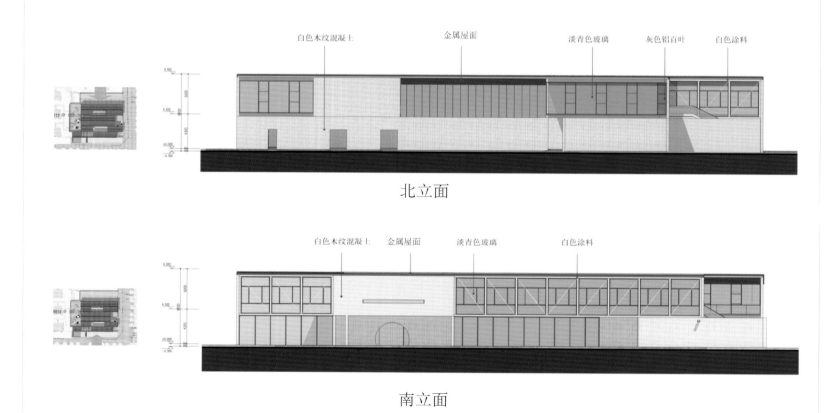

白色木纹混凝土　　金属屋面　　淡青色玻璃　灰色铝百叶　白色涂料

北立面

白色木纹混凝土　金属屋面　　淡青色玻璃　　白色涂料

南立面

售楼处正视立面图

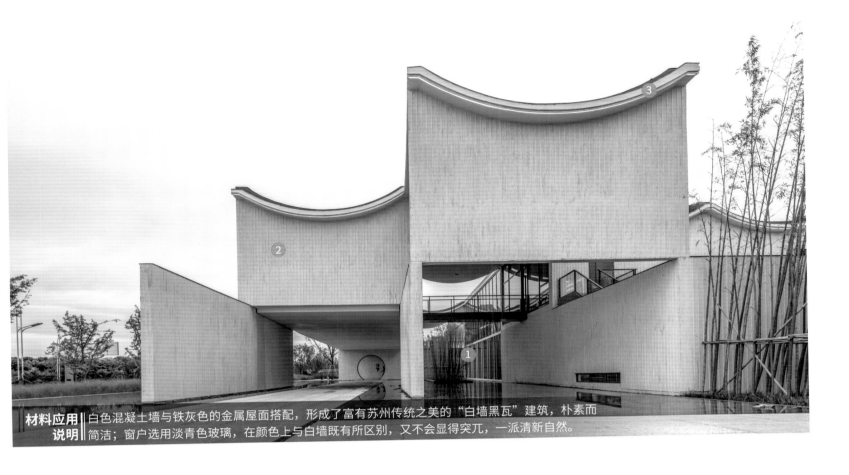

材料应用说明 | 白色混凝土墙与铁灰色的金属屋面搭配，形成了富有苏州传统之美的"白墙黑瓦"建筑，朴素而简洁；窗户选用淡青色玻璃，在颜色上与白墙既有所区别，又不会显得突兀，一派清新自然。

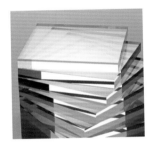

① 淡青色玻璃

② 白色木纹混凝土

③ 铝镁锰板屋面

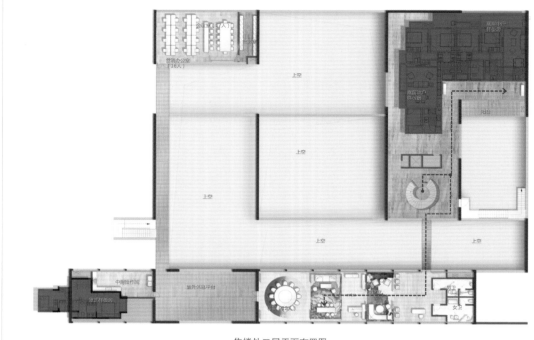

售楼处二层平面布置图

售楼处一层平面布置图

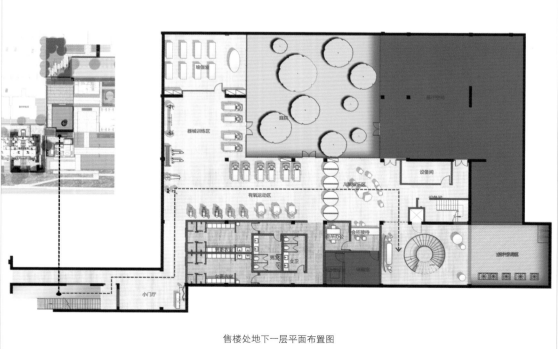

售楼处地下一层平面布置图

材料应用说明 ‖ 墙面均选择白色系材料，给人以纯净无暇的感觉，与深色调的艺术玻璃屏风、金属螺旋楼梯形成鲜明的对比，给人强烈的艺术感。

① 木格栅　　② 艺术玻璃　　③ 金属旋梯　　③ 爵士白艺术石

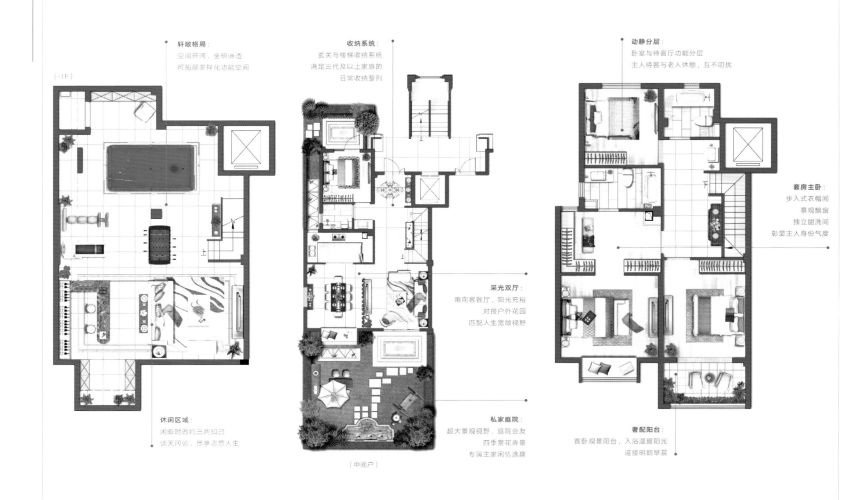

(-1F)

轩敞格局：
空间开阔、全明通透
可拓展多样化功能空间

收纳系统：
玄关与楼梯收纳系统
满足三代及以上家庭的
日常收纳整列

动静分层：
卧室与待客厅功能分层
主人待客与老人休憩、互不叨扰

套房主卧：
步入式衣帽间
景观飘窗
独立盥洗间
彰显主人身份气度

采光双厅：
南向客餐厅，阳光充裕
对接户外花园
匹配人生宽敞视野

休闲区域：
闲暇时邀约三两知己
谈天闲论，尽享恣意人生

私家庭院：
超大景观视野，庭院会友
四季赏花弄景
专属主家闲情逸趣

奢配阳台：
客卧观景阳台，入浴温暖阳光
连接明朗早晨

〔中间户〕

下叠负一层平面布置图　　　　　　　下叠一层平面布置图　　　　　　　下叠负一层平面布置图

山湖墅居 大隐于城

南京新城·源山

开发商：新城控股集团股份有限公司 ｜ 项目地址：南京宝华山国家森林公园北门东侧

占地面积：129 188 平方米 ｜ 建筑面积：180 967 平方米 ｜ 容积率：0.96 ｜ 绿化率：30%

景观设计： 重庆纬图景观设计有限公司

主要材料：金属、超白玻璃、干挂石材、夹绢玻璃、透光钢板等

　　南京新城·源山位于南京东大门，与华山国家森林公园相邻，是山水资源兼得的城市别墅区。项目依山就势，环湖而建，在新城 2017 大城东战略之下，将东方美学基因深植其间，与金陵共筑东方美学居住标准，让南京重回悠哉山居生活。

　　项目的体验区采取"吸湖纳山，叠山理水"的设计原则，最大化利用山水资源并兼顾朝向，高处建高，低处建低，让全产品系享有优美的景观视野，在整体布局上以中央湖景为中心，结合东方文化中的山水意境，规划兼顾现代审美与中式神韵的建筑与景观，使山、水、建筑、景观融为一体，诠释现代都市人寄情山水的诗意生活方式。

新城控股 FUTURE LAND ｜ 璞樾系

区位分析

南京新城·源山位于南京以东的宝华镇，该地块行政归属为镇江句容市，但紧邻南京仙林板块，受南京辐射影响更大，是南京的"东大门"，距离南京市中心新街口直线距离33千米，距离地铁2号线经天路站13千米。项目紧邻国家4A级景区宝华山国家森林公园，坐拥得天独厚的自然景观资源，周围15千米范围内还有栖霞山、汤山自然风景区，以及建设中的欢乐谷和万达茂两大旅游综合体。

建筑设计

项目以"叠山理水"为设计理念，将建筑依山而建，结合中心水景，形成独特的建筑风格——坡地围合别墅，它既有普通别墅的自身独立、庭院的私密性，又有山地建筑的景观优势，同时因为高低的错落使之获得了更开阔的视野。

示范区建筑利用现代的设计手法萃取东方古典建筑元素，化繁为简，巧妙地诠释出富有现代感的东方韵致。深色大挑檐的设计简洁大气，隐约透露出沉静的中式意境，搭配大面积的玻璃墙以及秩序感强烈的柱式结构，共同构建出通透开阔的建筑空间，模糊室内与室外的界限，与周围的环境更好地融为一体。

景观设计

项目的景观追溯明代文人王世贞记载在《游金陵诸园记》的东园，取法自然，在营造人文景观的同时，充分尊重现场条件，还原现场印记，塑造"最美东园"，再现金陵园林胜景。示范区沿湖展开，设计流线遵循礼仪人文的空间序列，层层深入，引导人们步入山水之间，游历"新东园"的叙事长画卷，品味享山乐水的东方诗意。

道法自然——开阔门楼与疏密有致的竹树交相辉映，营造出盛世中的儒雅府邸。一路花草自由生长，大气中不失自然趣味。透光钢板及夹绢玻璃的设计表现出斑驳的树影，300平方米的大屋檐亦为车行提供光影婆娑的入口景象。竹林夹道曲折蜿蜒，直至显山露水之处。湖对岸层层叠水，恰似小蓬莱，宛在水中央。湖岸插柳，营造江南水岸的柔美诗意。

礼仪人文——景观设计采用"印"的手法，提炼出水、瀑、古树、书签、涟漪等自然元素，既还原了现场美景的记忆，又再现了"东园"中提到的人文景致。建筑会所的内院围合出倒影斑驳的意境空间，抽象地表达出叠山理水与金陵情怀。会所后场设计了两层涟漪水景，从不同视角与湖面融为一体，之间的高差形成30多米长的镜面跌水，正好"印"出对面湖岸景致，并收纳周边的宝华山色。

寄情山水——人们还可以缓缓绕湖而行，聆听鸟语，路遇"划船载酒，丹桥迤逦"的画面，穿行层层叠瀑之间，感受"意境山水，老少怡乐"的氛围，将依托着文人情怀的诗意山水一一呈现。

户型设计

新城源山共有阅湖、凌湖、云山、半山、悦山5款户型，临湖联排面积约157-210平方米，观山叠墅面积约128-156平方米。值得一提的是，联排户型里几乎每一个房间都做成了全套房，并精研人居空间哲学，约3.6米挑高客厅彰显尊贵大气，约7.5米大开间更是敞阔气派，视觉和空间上的延伸，让墅居尊荣一览无余。

在地下室的打造上，项目更是充分挖掘客户的兴趣爱好，将地下空间做大，层高做到4.2-4.5米，给这些被隐藏的"娱乐因子"更多施展的场所。另外，叠墅约2.15米的阁楼空间，可改造为画室、收藏室等，让生活更添趣味，让墅居尊荣一览无余。

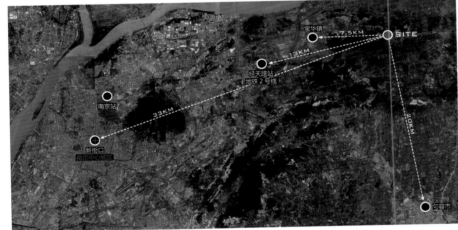

① 金属格栅

② 夹绢玻璃

③ 中国黑花岗岩

材料应用说明 夹绢玻璃表现出斑驳的树影，倒映在以大理石为底的浅水面上，顿生虚虚实实、朦胧之美。顶部采用玻璃＋金属格栅的设计，使得人们抬头便可望见蓝天白云。

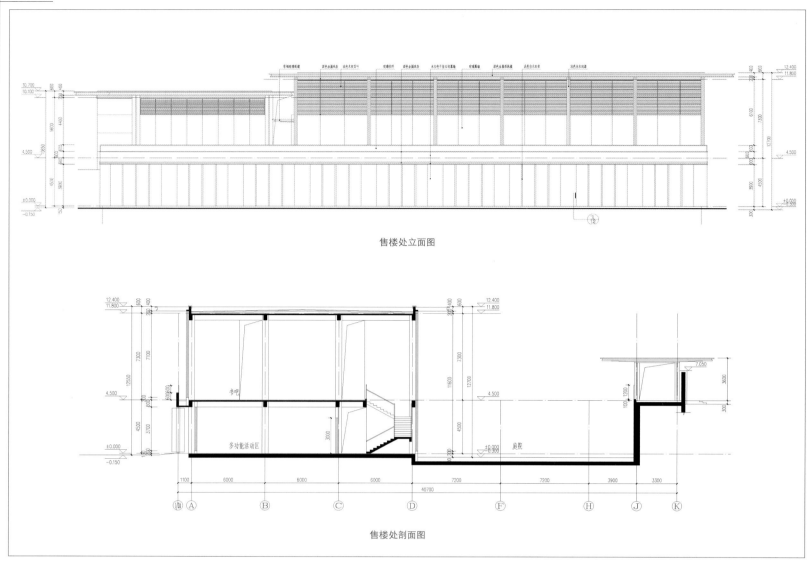

售楼处立面图

售楼处剖面图

材料应用说明 深色金属大挑檐的设计简洁大气，隐约透露出沉静的中式意境，搭配大面积的玻璃墙以及秩序感强烈的柱式结构，构建出通透开阔的建筑空间。

① 深色金属板挑檐

② 超白玻璃

③ 黄锈石花岗岩

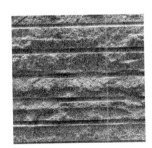

④ 芝麻黑拉丝景石

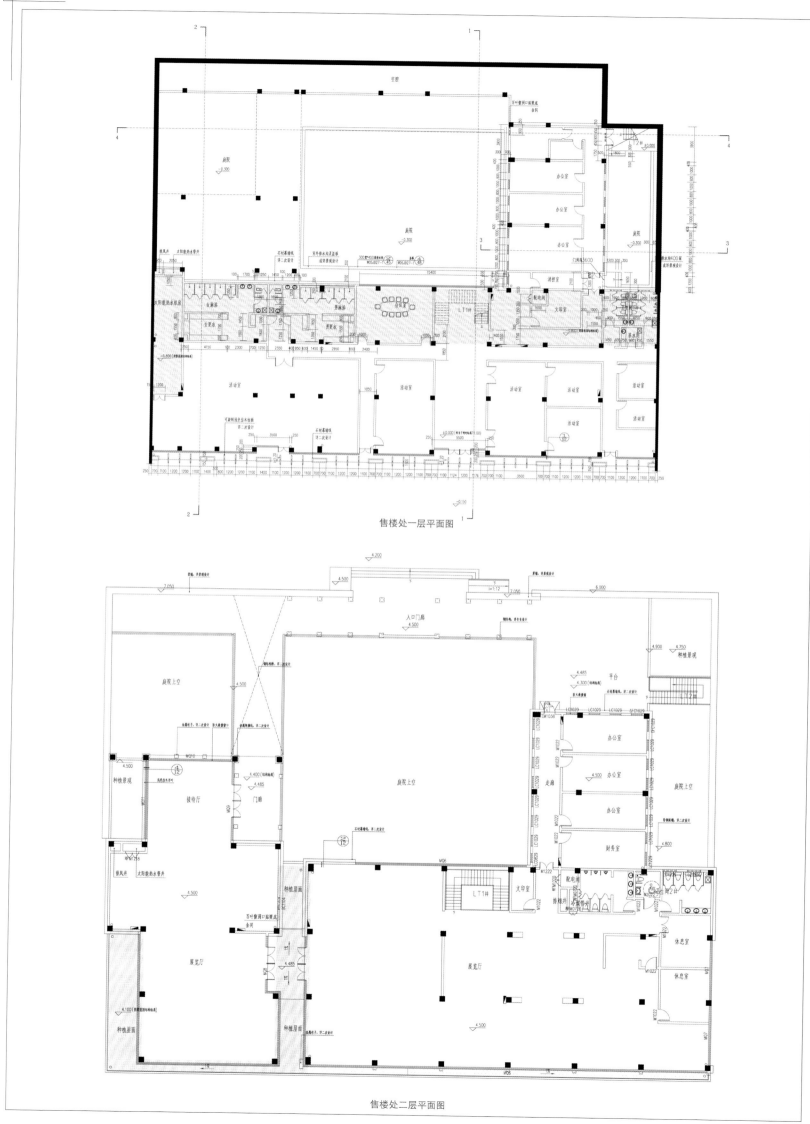

售楼处一层平面图

售楼处二层平面图

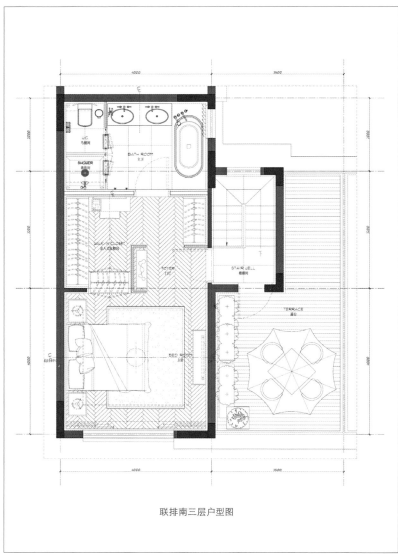

联排南三层户型图

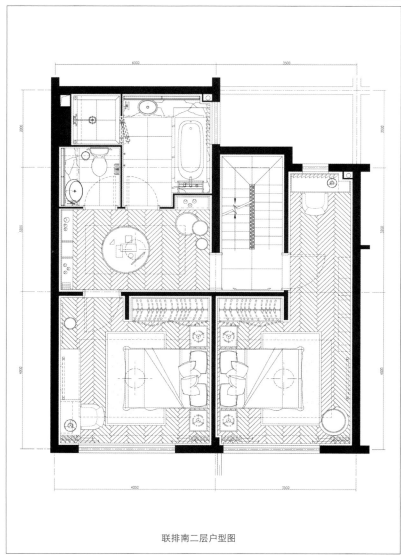

联排南二层户型图

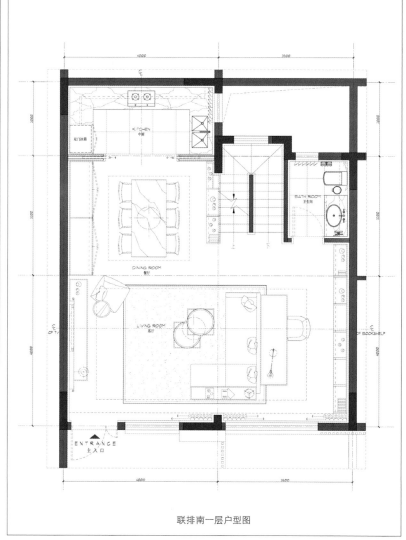

联排南一层户型图

现代轻奢

轻，是一种态度，

奢，是一种雅致，

现代轻奢，

不炫耀、不张扬，

是一种随性的优雅。

它集现代、自然、简约、时尚为一体，

摒弃了传统意义上的奢华，

简化装饰、返璞归真，

在简单的同时，

有着微妙的细节处理；

看似简洁的外表之下，

常常折射出一种隐藏的贵族气质。

现代轻奢，

是一种恰到好处的精致，

给人时尚前卫却又不失典雅的居住体验。

长沙梅溪湖·金茂湾

南京万科·九都荟

杭州龙湖·唐宁 ONE

昆明蓝光·水岸公园

宁波旭辉·上湖城章

重庆龙湖·舜山府

傍水依山 理想人居

长沙梅溪湖·金茂湾

开发商：金茂地产 ▎项目地址：湖南长沙岳麓梅溪湖片区

占地面积：179 998 平方米 ▎建筑面积：521 367.8 平方米 ▎容积率：2.54 ▎绿化率：40%

建筑设计：上海天华建筑设计有限公司

景观设计：WXHO 艾斯弧景观设计

主要材料：花岗石、玻璃、黑卵石等

　　梅溪湖·金茂湾位于湖南长沙河西先导区梅溪湖环区，与 3000 亩大美梅溪湖、桃花岭公园紧密相连，自然景观资源丰富。项目巧妙地将建筑融入自然景观之中，最大程度地展现人、自然以及城市三者的和谐交融。

　　项目定位为高端滨湖居住区，通过复合型规划，未来将打造宜居住宅、滨湖商业体、LOFT 公寓等多元产品，集合休闲、人文、娱乐、商务等功能于一体。设计团队坚持传承金茂文化，继续贯彻"绿色科技、金茂品质"的绿金理念，营造滨水绿色环境，彰显细节设计，塑造环湖典范，让居住在此的业主能享受绿色健康的生活方式。

区位分析

梅溪湖片区位于长沙市湘江以西、河西新城的西南部，同时是城市西岸发展主轴与城市西南对外联络通道的门户位置。项目基地位于梅溪湖南岸，梅溪湖大道；北临梅溪湖，远眺节庆岛；东至雷锋西大道，毗邻新城研发中心；西至梅溪湖国际新城城市绿化带。优越的地理位置、浓厚悠久的历史文化渊源和山川秀美的自然景观资源，都使得该区域成为长沙最适合人居的生态居住新城之一，成为长沙楼市新的热点区域。

布局规划

项目物业类型包括13栋低层住宅，34栋高层住宅，4栋超高层住宅以及1栋高层公寓和小区配套公建。整个小区成组团式布局，联排组团布置于基地北侧，临湖布置，高层及超高层组团布置于基地南侧，在城市形态上形成由西至东先是超高层，过渡到高层，再过渡到多层的丰富形态。南侧考虑建筑与山体的关系，将建筑旋转一定角度，取得建筑观山的适宜视角，同时也争取了建筑更好的朝向。

景观规划

项目总体设计概念为以"湖"为中心、以"山"为依托、以"河"为脉络的新型城市蓝图，将CBD建筑群、文化艺术中心、科技研发中心、高端住宅区等多元化城市功能区巧妙地融入自然景观之中，最大程度展现人、自然、城市三者的和谐交融。

在规划设计上，项目重点考虑了几个方向景观资源的利用，包括北面的湖景资源、南面的山景资源、西面的公共绿地景观，综合平衡各个景观资源的优势和方向，布局整体形态及建筑朝向，实现优势资源利用的最大化。同时，在规划概念上，借鉴了城市规划史上经典的"奥斯曼星形规划"的概念，通过引入多个景观节点及景观轴，联系整合本社区与城市的关系。

建筑设计

别墅秉承乔治亚风格，严谨对称、格局中正、气度恢弘。面积区间为200-500平方米，一线临湖，视野无限，赏节庆岛上国内最大音乐广场，观国际大师打造梅溪湖国际文化艺术中心。

小高层为ArtDeco风格，雍容华丽却不失质朴细腻，面积区间为92-170平方米，南北通透，具有高赠送、大面宽、优景观等户型特点，有效实现360度山湖景观。住宅环抱式的布局，把所有的户型围绕现有的小区跟着道路进行一定的偏转，让每一户既能看到山景又能看到湖景。

在建筑立面造型上，力求多样统一，既能体现出当今的时代特征，又兼具古典主义风韵，来体现整体社区的尊贵及价值感。

示范区设计

项目传承金茂高品质追求，整合周边环境，注重空间转换与细节的设计，营建滨水绿色环境，塑造环湖展示典范。项目以现代自然的风格展现简约而富有力度的空间形式，营造出简洁大气、独具时代气息的景观体验。

主入口大院式景墙设计突显临街昭示效果，交代出领域范围与归属感受；强烈的轴线设计吸引人群视线，由外而内朝售楼中心进入，线性铺张强化了进入形式，中心大平面涌泉水景成为最活跃的迎宾序曲。售楼中心通透的落地玻璃窗将景观引入到建筑内部空间，树阵、草坪、水景和雕塑成为售楼过程中的快乐元素，为良性营销提供了美好的铺垫。中心草坪空间与儿童场地相交融，场地空间通透有变化，草坡上有彩色蚂蚁雕塑在觅食，儿童场地突出亲子参与性的游戏设施，木质风车在山坡上旋转，使得在道路上行驶的人都能感受到园区的童趣氛围。

示范区整体绿化与梅溪湖绿带融为一体，山水一色的景观界面为项目迎来别样的运营体验。

材料应用说明 石材厚重庄严，又极富奢华大气之感；玻璃晶莹剔透，又能起到隔断的作用；两者之间相互辉映、相互衬托，共同构筑了一栋现代感十足的建筑。

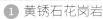

① 黄锈石花岗岩

② Low-E 中空玻璃

③ 木纹铝板

④ 芝麻灰花岗岩

1 黄锈石花岗岩

2 黑卵石

3 芝麻白外墙石材

材料应用说明 || 黑白配一直是最经典的时尚色彩搭配，米色石材和黑卵石一黑一白，形成鲜明的对比，显得简洁又利落。

城市之窗 回归自然

南京万科·九都荟

开发商：南京万科置业有限公司 ┃ 项目地址：南京市雨花台区金阳东街

占地面积：约 120 000 平方米 ┃ 建筑面积：约 316 000 平方米 ┃ 容积率 2.5 ┃ 绿化率：30%

建筑设计：上海日清建筑设计有限公司 ┃ 景观设计：奥雅深圳景观与建筑规划设计有限公司

售楼处室内设计：IABC 涞澳设计

主要材料：双层穿孔铝板、超白玻璃、木材等

南京，素有"六朝古都"、"十朝都会"之美誉，是泛长三角地区承东启西的门户城市。随着南京城市中心向南转移，南部新城迅速崛起，形成南京新中心。万科九都荟择址于此，拥有日趋完善的配套，成就都市生活的理想场所。

作为南部新城核心区域的先行者，万科九都荟将打造成为集高端住宅、商业、办公于一体的商业综合体，其规划布局独具匠心，强调两点：一是前瞻性，二是与城市门户融合度，以"两界一街七坊"规划，形成了两大商业界面，七个围合式组团，并以一条商业内街衔接。示范区在此基础上以现代时尚的形象呈现，售楼空间凸显自然元素，而景观则运用新都市语汇，强调人与自然的和谐，回归自然的居住时代。

vanke 万科 ┃ 都荟系

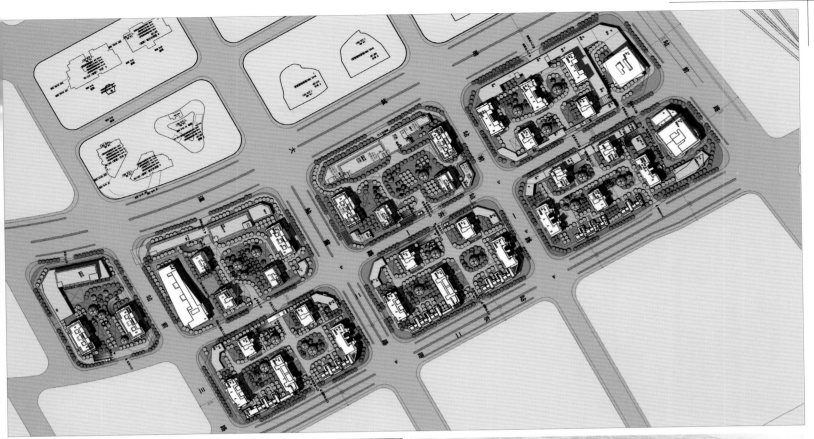

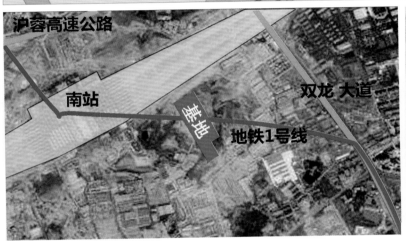

沪蓉高速公路

南站

基地

双龙 大道

地铁1号线

项目概况

九都荟是万科在南京开发的第九个商品房项目，也是在南京的第一个主城综合体项目，分为两期开发，产品涵盖住宅、商业、办公等，由7个组团构成，示范区位于B组团。该项目位于南京城南的雨花台区，属于规划的南部新城核心区板块，随着万科、证大、绿地三大品牌开发商的进驻，南站核心区的配套建设日趋完善。

规划布局

项目基本布局为"两界一街七坊"国际化社区。两界指的是城市与住区衔接处的两个开放商业界面。对外，通过商业和办公楼的有序布置，它将被打造为"城市之窗"，塑造具有活力和雕塑感的城市艺术形象；对内，它也将作为商业CBD向住宅空间的过渡，营造更私密、舒适、宜居的生活环境。一街是指地块中间的民和路，由于道路宽度较窄，被设计成了一条风情内街，靠近它两侧的建筑被规划成近乎对称形态的15层高层，临街布置1—2层底层商业，让整体空间尺度更亲近。七坊就是七个组团。组团的设计坚持尽量错位排布，保证通风采光效果得到提升的同时，也让空间层次更丰富。每一个组团的主出入口都设置在民和路上，使得组团间形成项目整体的围合感，集中而不零散。

建筑设计

小区位于南站CBD核心区域，为符合项目周边的商业与办公氛围，选择现代感强烈的建筑风格作为楼盘形象，楼与楼之间布局错落有致，形成大围合布局的组团花园。写字楼强调现代时尚的风格，向邻近的高铁站提取火车轨道元素作为灵感，突出速度与动感。

立面设计强调横向线条和分段处理，完善体量的同时，又强调出建筑的高耸形态，开阔通透的玻璃窗则将居住者的工作生活片段框景于建筑之内。

售楼处设计

售楼处建筑采用了双层穿孔铝板的设计，针对表皮和孔洞的大小加以研究，无论从高铁的方向看，还是从远处的效果展示，以及对室内透光性更好地考虑，这样的建筑形态都是很合适的，突显区域的门户形象。

售楼处整体装修以小型植物博物馆和咖啡厅的风格来设计，利用一座植物墙，呈现舒适而又有冷暖变化的公共空间。沙盘设置在楼上，把更多的空间让给了植物墙、咖啡厅和书架。铺满墙面的绿色茵丛成为贯穿空间的焦点，植物自然生长所呈现的形态使这面墙犹如一座从平地中崛起的山脉，当叶子随着季节的变换生长成不同的色彩和模样，室内空间的情绪与节奏便随之变换。另一面陈列着植物生长图解的墙与此设计相呼应，展示着植物的基本生长规律和过程，让人错以为置身于自然科学博物馆，为沉闷的售楼空间注入了盎然生气。

墙和书架选用木质材料，书架以盆栽作点缀，墙面设计了光滑和褶皱两种纹理，使整个空间更具层次感和流动性。

景观设计

项目定义为新都市生活的展示窗口，因此将风格归结为"新都市""新中式"和"新自然"——融合地域文化，回归自然，并展望未来的居住时代。

融合地域文化指的是在该项目中嵌入中式审美意境和传统的居住模式，景观结构延续建筑规划的格局，以高低错落的建筑为城，商业街空中连廊，犹如城门一般；内街空间参差，描摹水乡生活情怀；七园取中式花园之意境，各有诗情画意。回归自然则是指通过水岸、枫林、台地、微地形、花溪和开敞的草坪，塑造隐山而栖、伴水而居的美好感受。展望未来的居住时代是强调生态、文化、社区、自然、都市、科技、信息和艺术的融合。

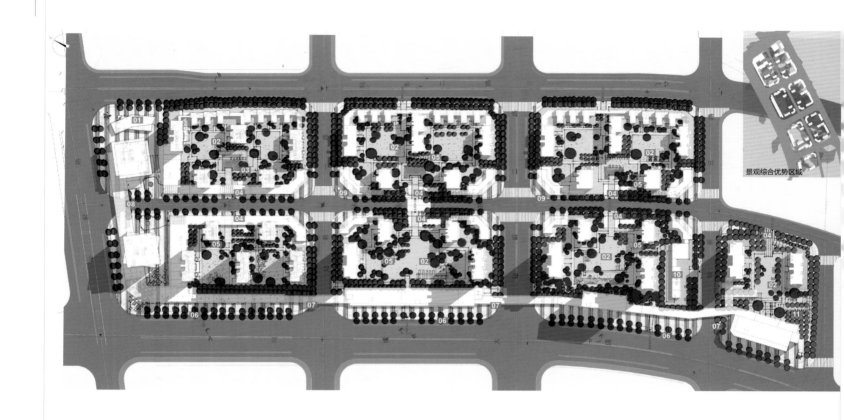

景观综合优势区域

01 售楼处　02 阳光草坪　03 特色水景　04 组团入口　05 多重绿化　06 商业树阵　07 廊下广场　08 内街入口广场　09 社区转角广场　10 幼儿园　11 公共游园

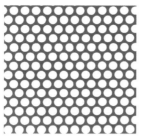

① 穿孔铝板

② 多层中空玻璃

③ 芝麻灰花岗岩

材料应用说明 售楼处采用双层穿孔铝板＋玻璃的设计来凸显区域的门户形象，这样的建筑形态无论是从观感还是室内透光性来说，都是非常合适的。

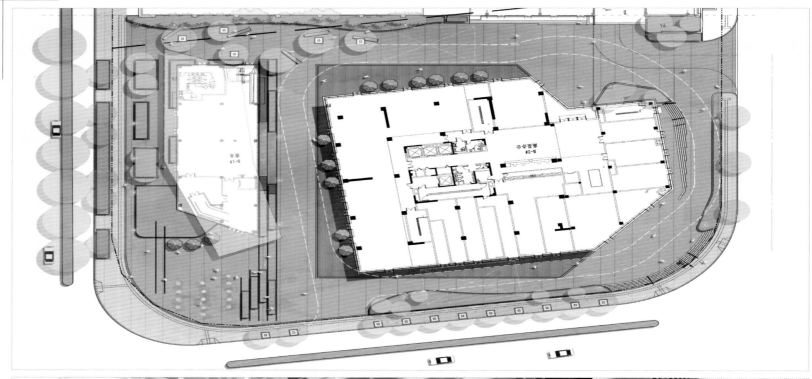

材料应用 说明 木质材料贯穿于整个室内的墙地面，甚至是天花板，营造了一个朴素、静谧的空间氛围。墙面还设计了光滑和褶皱两种纹理，使整个空间更具层次感和流动性。

水岛花园 度假体验

杭州龙湖·唐宁 ONE

开发商：杭州龙湖房地产开发有限公司 ┃ 项目地址：杭州市西湖区古翠路与高技街交叉口
占地面积：14 401 平方米 ┃ 建筑面积：55 891 平方米 ┃ 容积率：2.9 ┃ 绿化率：30%
建筑设计：ZOYO 左右建筑 ┃ 景观设计：三尚国际（香港）有限公司
主要材料：超白玻璃、彩釉玻璃、米黄色石材、镀锌钢板等

　　杭州的精致，写在了城西。城西的自然、山水、雅致、闲乐，与龙湖地产所追求的浪漫精致的气质高度契合。龙湖唐宁ONE 择址杭州城西中心，将打造成城西唯一的纯改善型高端豪宅项目，为高品位的城西"贵族"缔造高端作品，呈现更加精致的杭州生活。

　　该项目是龙湖在城西的第一个项目，也是龙湖在杭州初次尝试小规模开发，仅规划 4 栋建筑。其建筑继承龙湖地产 TOP 系豪宅基因，结合了古典和现代元素，诠释出现代时尚的豪宅居住品质；景观设计从苏州园林"小中见大"的精致空间感受获得灵感，以都市高端度假酒店的质量体验为提升点，营造出滨海度假豪宅质感，同时通过全季中央水景的设计，打造杭州市场少见的酒店度假风。

项目背景

唐宁 ONE 是龙湖杭州公司获取的第一个城市核心土地项目。项目所在区域近五年左右都已经没有新出让土地，以成熟居民住宅为主，生活便利，配套成熟。同时，城西这个区域在杭州人心目中，也代表着一种居住品质。那里的业主有的不仅仅是财富实力，还有足够的文化层次和社会地位。所以，唐宁 ONE 要打造的是一种具有现代时尚气质的改善型居住品质。

设计理念

项目场地被杂乱旧楼和绿植包围，一方面与楼盘强调的豪宅品质有一定的冲突；另一方面又将售楼部大面积遮挡，不利于场地的对外展示，基于此，设计师提出了对"最自在的度假体验，是对城市环境的顺势呈现，不煽情、不献媚，以简洁纯净的方式，实现对优雅轻奢的直接表达"的设计理念。

建筑设计

项目地块很小且形状不规整，由 1 栋物业用房和 3 栋高层组成，中间设计为中心花园。设计师巧妙地将配套用房与商业单独设计为一栋建筑，与住宅楼脱离，并且设置于小区围墙之外，完全呈现于城市路网系统之中，最大程度地保持了小区居住范围的私密，避免干扰。

立面设计结合了传统新古典三段式的比例，同时又融合了现代的简洁手法，古典与时尚并存，诠释出一种现代时尚的改善型居住品质。

景观设计

项目地处杭州市中心区域，入口界面被商用建筑占用，留下东西宽 20 米，南北长 60 米左右的狭长空间，这样的格局大大限制了景观序列的铺设和开展。因此，项目以苏州园林"小中见大"的精致空间感受为灵感源点，以都市高端度假酒店的质量体验为提升点，营造出了滨海度假豪宅的质感。

项目在主入口以岗亭的形式完成功能的衔接，竖向上利用景墙、屏风等构架将不利因素进行遮挡。两侧种植高大乔木将入口空间围合，在有限的空间内完成了整个景观轴线的第一序曲，在短距离内创造了丰富的空间变化。

在建筑的过渡空间，项目以回廊的形式将空间的序曲再次提升，回廊环抱草坪以工整的轴线铺展，草坪上随意散落质朴又朦胧的白色装置在夜间发出温暖的柔光，构成半室外精致的自然空间。

中央水景区域是景观序列中的核心部分，充分体现出整个社区的质感，通过灵活的空间组织和竖向高差，实现了轻松雅致的休闲格调。水池中央以玻璃幕墙结合垂直绿化组成"琉璃岛"核心休闲区域，建筑、景观、软装在此处和谐交融，创造出雅致、舒适、赏心悦目的居住氛围。

全龄化儿童游乐天堂设有中央浅水区海洋主题戏水乐园、花园森林主题昆虫乐园，以及延伸至户外的架空层室内亲子主题游乐场，并以精致的喷水小品点缀戏水池，饶有趣味。

户型设计

唐宁 ONE 项目主打 139 平方米户型，该户型采用四面宽小进深超薄逻辑设计，巧妙利用用地的特性，最大化地提升了住户舒适度。

为避免进门一览无余看透的形式，设计师在玄关对门位置设置照壁，由照壁转折进入客餐厅空间。照壁位置结合玄关鞋柜设置，既满足功能，又升级了仪式感。

客餐厅采用南北通厅设计，实现动区通风对流，保持开敞大空间。客厅通往阳台结构进行精心设计，剪力墙短肢往两侧卧室偏向，满足业主封包阳台，形成完整空间的诉求。厨房紧贴餐厅设计，流线合理，浅 U 字的布局使得利用率最大化提升。

为给客户提供最舒适的居住体验，卧室最大限度地实现南向设计，三卧室南朝向，一卧室北朝向。主卧室与北侧书房既可独立又可合并设置为套房，满足不同家庭需求的装修改造可能。

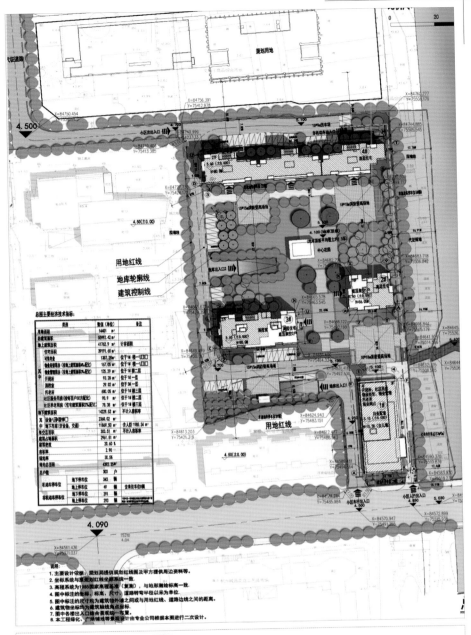

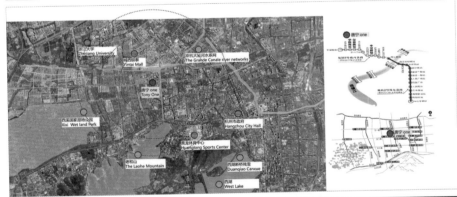

① 玻璃幕墙

② 镀锌钢板

③ 黄锈石花岗岩

材料应用说明 水池中央以玻璃幕墙结合垂直绿化组合成盒状构筑，并以金属架构增加稳固感，形成"琉璃岛"的半开敞的户外休闲空间。

① 超白玻璃

② 彩釉玻璃

③ 葡萄牙米黄大理石

材料应用 说明 │建筑主体大部分采用玻璃材料，只在局部使用石材，既增加了 轻盈感和通透感，也省去了繁琐的细节装饰，凸显简洁之美。

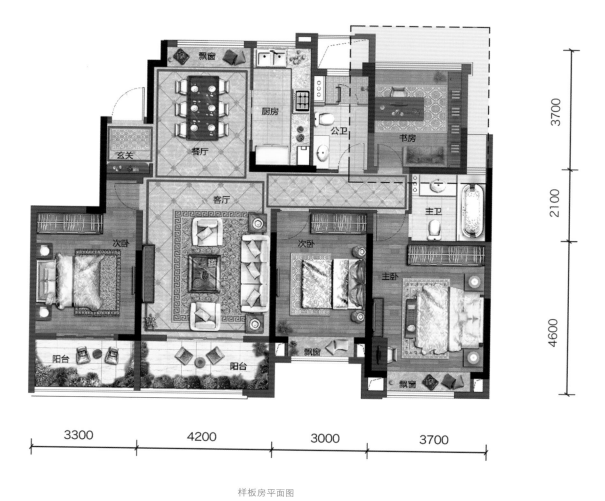

样板房平面图

阳台　次卧　玄关　餐厅　厨房　公卫　书房　主卫　客厅　次卧　主卧　飘窗　阳台

3300　4200　3000　3700

3700　2100　4600

山水清音　公园观邸

昆明蓝光·水岸公园

开发商：昆明长颐房地产开发有限公司 ｜ 项目地址：昆明市官渡区广福路与康福路交汇处
占地面积：53 134.4 平方米 ｜ 建筑面积：282 000 平方米 ｜ 容积率：3.89 ｜ 绿化率：37.88%
景观设计：上海广亩景观设计有限公司
主要材料：铝板、双层中空玻璃、金属、水晶、木材、大理石、灰镜、乳胶漆、墙纸等

　　"公园系"是蓝光地产经典产品系，定位城市中高端改善型客群，打造公园板式观邸，实践从城市到公园的生活理念。昆明蓝光·水岸公园是蓝光地产入昆五年的第二个"公园系"产品，择址昆明国际会展中心与滇池国际会展中心之间，在外享有官渡五甲塘湿地公园、龙江公园、滨江文化运动主题公园（规建中）等优越人居生态；向内私享双主题大中庭花园，以阔朗大平层及奢尚跃墅设计，敬献城市高端人群。

　　其示范区景观设计以"山水清音"为主题，提取昆明的山水元素，在充满禅意的山水隐逸之境融入现代西方文化的景观美学。售楼处设计从滇文化的源头出发，选择新亚洲风格与之匹配，将低调、内敛雅致的空间触感于现代和历史融合，形成独有的空间感受。

蓝光地产 ｜ 公园系
—用心建筑生活—

项目概况

蓝光·水岸公园是蓝光地产集团继北市的林肯公园之后，在昆明南市倾心筑造的又一人居力作。"公园系"是蓝光住宅产品转型升级力作，定位城市中高端"改善型"客群，以南加州建筑风格及新亚洲主义园林景观营造手法，用匠心打造公园板式观邸。

项目择址昆明国际会展中心与滇池国际会展中心之间，毗邻广福路，地铁 7、8 号线将在此穿过，交通便利；周边拥有官渡五甲塘湿地公园、龙江公园等多个绿色公园，还将规划建设滨江文化运动主题公园，景观资源丰厚。

景观设计

示范区景观的主题为"山水清音"，根据寻觅山水的历程，从寻觅到珍藏，将展示区分为五个节点，形成具有趣味感的景观体验空间，让人感受山水艺术之美。

寻找·印象山水：入口广场采用简洁的景观设计手法，黑白灰的色调奠定了复古、简约的后现代格调，辅以旱喷泉、景墙以及组团植物绿化的应用，令人在闻香视景的同时被临街展示面的景观所吸引。

发现·迎宾水韵：售楼处迎宾区域运用了镜面水景与叠水、山石小品相结合的手法，打造出听水步道；大面积静水面倒映着山水画面，巧妙地延展了空间视觉，更好地展现了整个项目的形象。

探索·童梦奇缘：考虑到各年龄层次的需求，示范区设立了儿童游乐区域，给孩子营造一个寓教于乐、充满乐趣和安全感的玩耍和学习空间。

分享·艺术水院：样板区体验空间借鉴了"枯山水"的设计风格，将其精髓融入整个空间的设计语言中，营造出静谧悠远的氛围，给人一个能够沉下心境细细品味分享的冥想空间。

珍藏·植物组团：项目以贴近自然山水为主题，对灌木带进行了堆坡造型，采用笼子货种植，使植物达到干净、饱满、自然的效果。

售楼部设计

售楼部室内采用新亚洲风格设计，融合现代和历史，利用抽象的艺术表达方式，诠释出内敛雅致的空间触感和浓郁的文化氛围。入口采用狭长的造型设计，由此进入核心区，给人一种豁然开朗之感。沙盘区的金属屏风造型以彝族的银饰纹样为原型，加以沙盘顶部繁星般艺术灯的点缀，使整体效果显得简练大气。洽谈区的水吧灰镜在天花倒影，人群在灰镜下穿行，使整个空间一动一静，充满互动，而倒影与实体在空间中浑然一体。

空间内每一个视觉焦点都用抽象的艺术方式表达出来，形成独有的观感。家具充满着厚重的质感，其散发的历史气息与现代设计手法形成鲜明的对比却又相得益彰；艺术品的遥相呼应，更是让整个空间锦上添花。

样板房设计

A1 户型在沿袭精致的古典欧式风格的同时，融入现代生活的审美，在欧式的线条中，摒除繁缛，巧妙搭配造型比例和材质，实现浪漫舒适的空间。几何的线条修饰、立面造型的层次感、色块的处理方式，结合镜子的运用，赋予空间更多层次感，散发出一种由内而外的优雅。

A7 户型在都会风格中融入时尚元素，大面积的木饰面、艺术墙纸、米黄色大理石在空间中相互映衬，搭配金属元素，使空间更具质感。简约而不失精致的家具，加上艺术饰品的点缀，演绎低调雅奢的都市时尚。

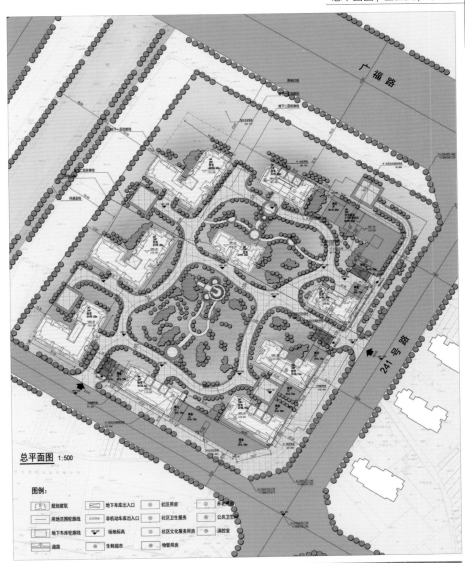

总平面图 1:500

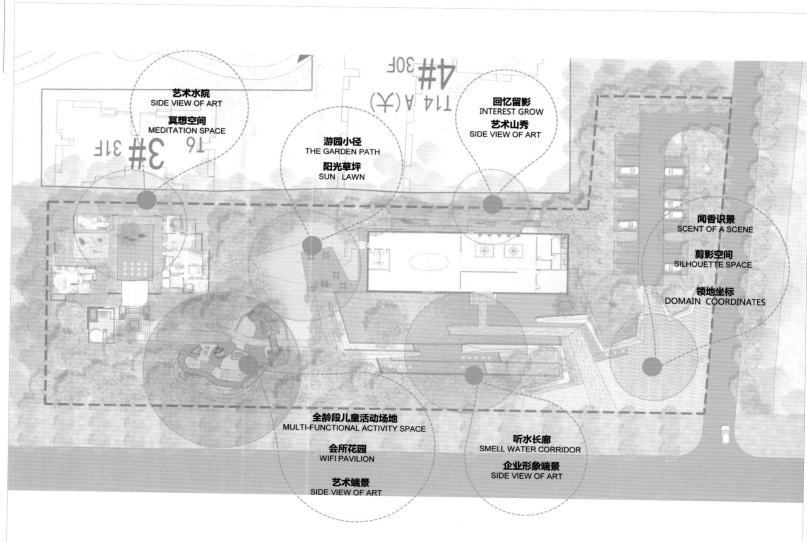

艺术水院
SIDE VIEW OF ART

冥想空间
MEDITATION SPACE

回忆留影
INTEREST GROW

艺术山秀
SIDE VIEW OF ART

游园小径
THE GARDEN PATH

阳光草坪
SUN LAWN

闻香识景
SCENT OF A SCENE

剪影空间
SILHOUETTE SPACE

领地坐标
DOMAIN COORDINATES

全龄段儿童活动场地
MULTI-FUNCTIONAL ACTIVITY SPACE

听水长廊
SMELL WATER CORRIDOR

会所花园
WIFI PAVILION

企业形象端景
SIDE VIEW OF ART

艺术端景
SIDE VIEW OF ART

① 紫红色涂层铝板

② 双层中空玻璃

③ 米黄洞石

材料应用 说明 外立面采用现代感十足的玻璃幕墙设计，在阳光下闪闪发亮，摩登而靓丽；搭配鲜艳的紫红色铝板，使得整个建筑更加独特且引人注目。

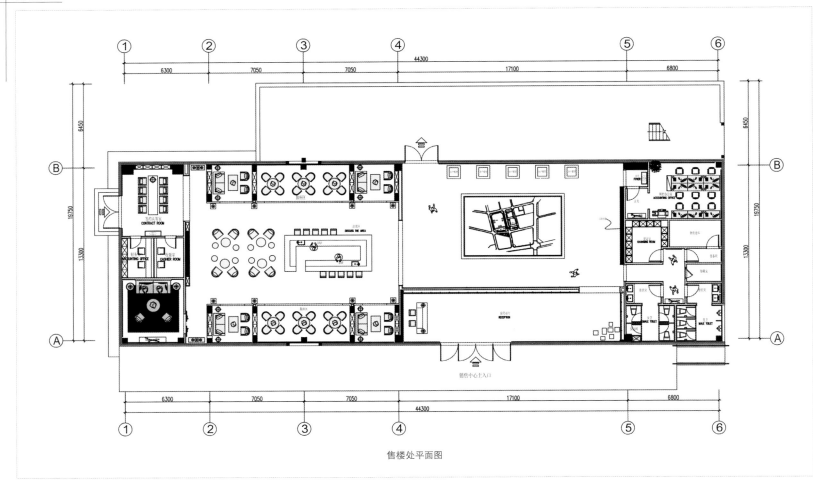

售楼处平面图

1 金属屏风

3 咖啡色木质百叶

4 黑木纹大理石

材料应用说明 金属屏风造型从彝族的银饰纹样中选取并进行减法设计,极具地方特色;顶部水晶吊灯如繁星般点缀整个天花,若隐若现地倒映在充满光泽的大理石上,大气华丽。

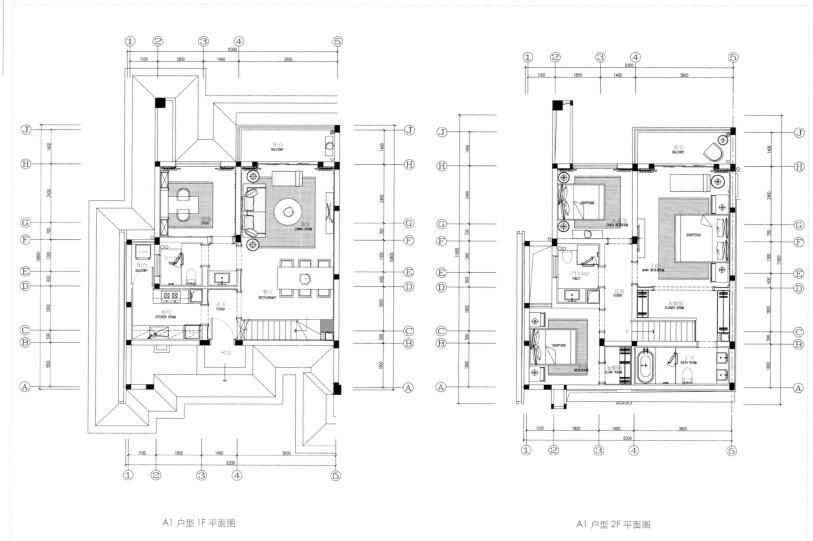

A1 户型 1F 平面图   A1 户型 2F 平面图

材料应用说明 | 墙地面均选用浅色材质，一方面彰显出清新、优雅的现代美感，另一方面也加强了室内的明亮度。同时，使用镜子作为艺术饰品，也使得整个空间更加开阔明亮。

① 米色墙纸

② 白色乳胶漆

③ 雅伯白大理石

④ 原木地板

城市艺术博物馆

宁波旭辉·上湖城章

开发商：招商局、旭辉地产、保利地产 ▍ 项目地址：宁波东部新城宁东路与盛莫路交叉口
占地面积：151 000 平方米 ▍ 建筑面积：450 000 平方米 ▍ 容积率：2.4 ▍ 绿化率：30%
建筑设计：DC 国际 ▍ 景观设计：Ddon 笛东 ▍ 室内设计：上海曼图室内设计有限公司
主要材料：木材、大理石、超白玻璃等

　　宁波是一座包罗万象、充满东方艺术气息的城市，有着海纳百川的情怀与兼容并包的精神。旭辉·上湖城章以"心中的宁波"为设计理念，通过寻找老宁波的城市碎片，打造集"传统院落空间、活跃街区生活、水岸闲趣体验"于一体的品质社区，传承宁波的城市记忆。

　　该项目深入挖掘宁波当地海上丝绸之路的文化，大胆地采用现代的设计语言与手法，打造艺术湖居生活。项目示范区未来将作为城市艺术博物馆使用，设计师将其定位为新都会博物馆，在室内设计了一个长宽高均为 9 米的白色"书屋"，彰显"书藏古今，港通天下"的宁波特色。

CIFI GROUP 旭辉集团 ｜ 改善系

项目概况

宁波旭辉·上湖城章由旭辉、招商、保利三大品牌房企在宁波首次联袂打造，规划墅质洋房、高层公寓和艺术商业街区，是集居住、全龄运动休闲、活力商街为一体的国际湖居社区。项目位于宁波东部新城明湖住宅片区，毗邻规划的明湖公园，靠近文化与生态走廊，拥有1.2千米市府圈繁华配套以及约1.2千米独立湖岸线的自然资源。

建筑设计

项目高层建筑布局与周边地块高层相呼应，以延续城市的空间形态，形成延续灵动的城市天际线。同时，设计充分利用地块的景观优势，将建筑物按高度由北向南成阶梯状跌落，至河口处结合洋房产品和水岸景观，打造多层次的沿江景观面。

住宅立面采用非对称构图手法，简洁的线条，几何的形体，彰显现代风格。体块穿插的同时，保证整体感，凸显纵向挺拔感与横向线条感。

示范区设计

示范区的范围用地性质为政府代建绿地，其可使用期限为两年，未来将作为城市艺术博物馆使用。考虑到这一特殊的用地性质，设计师将项目整体定位为新都会博物馆，结合海上丝绸之路的城市文化底蕴，以触媒、拓江、领航的概念来源，定下了整个项目现代简洁、棱角分明的独特基调。

景观设计

示范区景观分为形象展示、前场展示、镜水迎宾、后场体验和私享庭院五大区块。

形象展示：项目的第一形象界面在交叉路口，建筑的展示面非常有限，设计师大胆地将建筑进行旋转与抬高，并设计了折线感极强的几何草坡，最大限度地保证了形象展示，同时增强了项目气势。

前场展示：前场展示以几何线性的方式，通过台阶结合叠水的形式逐级到达售楼处平台，最大限度地烘托了建筑，达到景观与建筑的和谐统一。设计师们从阅读的角度出发，选用描绘阅读境界的优美诗句布置于前场的景墙与铺装之上，增加了项目的文化底蕴，烘托了精美雅致的氛围。

镜水迎宾：设计师用大片开阔的镜面水烘托建筑，与有限的台阶空间形成鲜明的对比，欲扬先抑，给人们带来心灵的震撼。

私享庭院：私享庭院通过独特的仪式门结合廊架进入样板间，灰空间的衔接提供了空间的转换，不锈钢板扭曲而成的立面打造，带来不一样的光影体验；样板间结合室外会客厅打造，为人们提供休息转换的空间，打造温馨舒适的看房体验。

室内设计

上湖城章售楼处室内设计了一个长宽高均为9米的白色"书屋"，与宁波"书藏古今，港通天下"的人文特征相呼应。"书屋"分割为接待空间与洽谈空间。

前场接待空间采用入户门内退设计，让室内空间与室外空间有更好的结合与过渡，通过一段近尺度的企业展示空间进入到"书屋"概念的影音室。观影结束，结合影视动画，幕布自动打开，视线直接聚焦整体沙盘。装饰上从"藏书阁"的人文艺术中提取元素，通过解构与演变等设计手法，极为现代的呈现空间的建筑优势及装饰效果。大面积的玻璃设计让顾客的视线最大化，让建筑室外的景观与室内相互交融，动静皆宜。

洽谈区装饰上延续沙盘区"藏书阁"的意境，但尺度更加亲切，以营造轻松安静的氛围。木纹格栅和自然纹理的深灰色大理石实现了空间感知的一体化，局部跳跃的亮黄色为洽谈空间增添了时尚和有趣的体验。

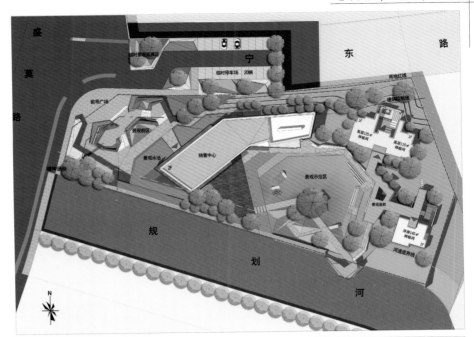

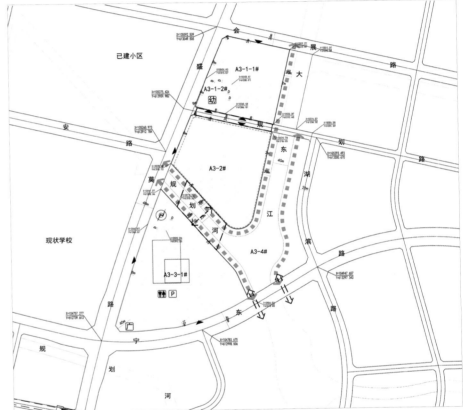

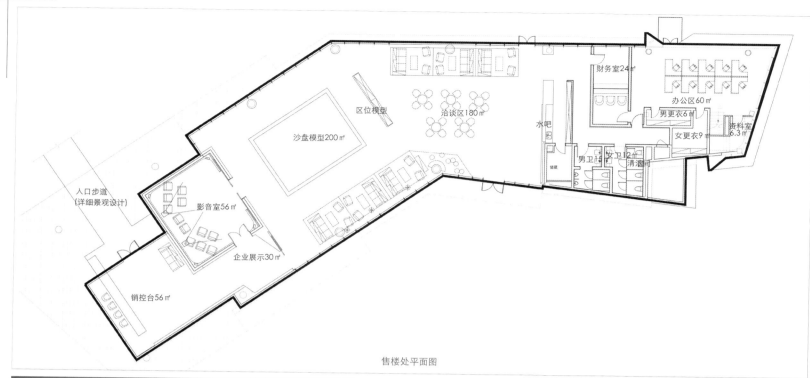

售楼处平面图

材料应用说明 木纹格栅和带有自然纹理的深灰色大理石地板贯穿于整个室内空间的设计，材质的延续实现了空间感知的一体化，再辅以线性灯光的反射，使空间通透宽广。

❶ 木格栅

❷ 孔雀蓝玉大理石

❸ 爵士白大理石

山中府院 意境天成

重庆龙湖·舜山府

开发商：重庆龙湖地产 ｜ 项目地址：重庆照母山星光大道旁

占地面积：284 625 平方米 ｜ 建筑面积：422 663 平方米 ｜ 容积率：1.49 ｜ 绿化率：35%

样板房软装设计：深圳市则灵文化艺术有限公司

主要材料：石灰岩、超白玻璃、氟碳喷涂珠光色铝板等

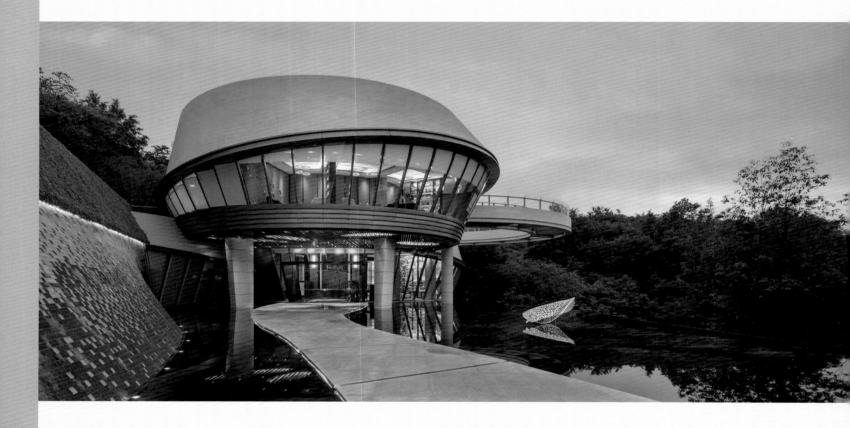

　　"重山重水，重情重义"是重庆独特的城市精神，重庆龙湖·舜山府择址照母山，以"山水交融"的理念，逐源重庆山域文化，以自然、幽静的产品契合了一座山、一座城的精神世界，体现人与自然的和谐之美，演绎山居豪宅之大境界。

　　项目的建筑依山而建，错落有致，尽可能地保留原有自然资源，并以极具现代感的流线型建筑形态与照母山的山形水势相呼应，将建筑与自然融为一体；景观设计则充分利用优质的自然资源，在尊重以及保护原有生态的基础上，为客户营造自然而又不失艺术感的空间体验，与自然环境进行和谐对话，并为现代都市人提供一个隐匿于市的桃花源居所。

Longfor 龙湖地产 ｜ 高端系

项目概况

项目择址于重庆主城核心，位于照母山森林公园腹地，生态资源良好，业态主要涵盖半山大独栋和森林大平层，是在城市核心区罕见占有原生森林资源的项目，亦是重庆核心区罕见的低密生态高端住区。

项目在传承"非遗精神"的基础上，匠心打造代表重庆对话世界的艺术建筑群，并以"山水交融"的理念，根据地块及客群气质打造经典产品。

建筑设计

建筑依山而建，错落有致，尽可能保留原有自然资源，尽可能地将建筑与自然融为一体，彼此交相辉映。建筑底部玻璃幕墙系统稍向外倾斜，使山景最大化的纳入建筑内部；顶部外挂石材系统，层层叠叠，与重庆山城随处可见的台阶形象相呼应；空中玻璃廊桥将建筑的两个主要体量连接，不仅给客户提供了别致的体验，更使建筑与自然景观形成了一定的对话。

景观设计

从进山之时，舜山府就有一条环线、两条轴线，将园林之中的院落、景致精心串通，给回家一种强烈的仪式感，也给居住者留下了一窗一景、移步易景的感受。一环是长达一公里的浪漫银杏散步道，这两排的行道树，不仅带来的是行走其中的翩翩雀跃，更是串起了社区内的所有建筑，让特别是每

一栋的低层住户，推窗即可沐浴在银杏林制造的美妙光影中。而两轴则是一横一竖，贯通整个社区的景观轴线，以探谷卧溪之意，将舜山府最精华的景致连线，是朝朝见山、步步踏水的山水之轴。两轴旁的住宅，就如同山谷两旁的山，倒映了两轴溪谷间的美景，吸纳了窗外的山水，画卷般徐徐展开，四季不同，生生不息。在这一环两轴间，为了让居住、栖息其中的人们能感受到自然而生的舒缓气场和更为明确的山林溪谷意象，设计师还进行了精心测量和日照分析。

示范区设计

示范区通过打造"三门五感十二景"的空间体系，给客户带来极致的山居体验盛宴。

二道山门：该设计符合自然脉络的延伸以及设计肌理的成长。第一道山门背后是水杉林，天然的自然符号融入大门设计，呈现出与周边环境环环相扣的效果；第二道山门以八层工艺锻造铜门，具有独特的仪式感和尊贵感。

山水画卷：贵宾接待礼遇空间以"千里江山图"为灵感，法国进口金花与铜条结合，彰显贵气与内敛；厅堂院落以林博溪石、翠苔松影等设计元素勾勒出唯美的山水画卷，与现代华丽的厅堂形成对比。

水幕栈道：设计师注重栈道的尺度与悬崖的关系，以及保证参观动线上大黄葛树的保留，同时借景照母山，把优美的山峦天际线呈现出来。

1 主入口
2 次入口
3 主入口水景
4 中心景观轴
5 次轴花园
6 次轴水景
7 组团庭院

孝源庭院
孝德庭院
景观广场
景观广场
会所
依照庭院
溢彩庭院
景观广场
景观广场
溯古庭院
图书馆
思奇庭院

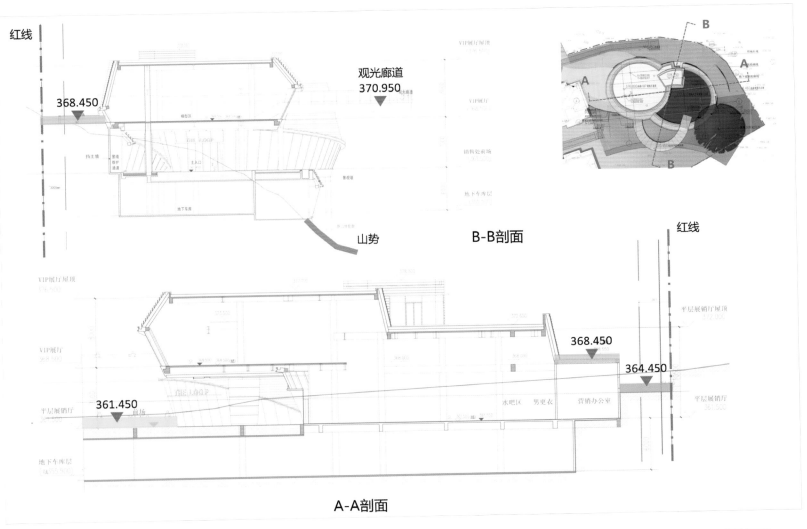

红线

368.450

观光廊道
370.950

山势

B-B剖面

B

A A

B

VIP展厅屋顶

VIP展厅

销售处商场

地下车库层

红线

VIP展厅屋顶

VIP展厅

平层展销厅

368.450

364.450

平层展销厅屋顶

361.450

水吧区 男更衣 营销办公室

平层展销厅

地下车库层

A-A剖面

① 芝麻灰外墙石

② 氟碳喷涂珠光色铝板

③ 超白玻璃

④ 黄锈石花岗岩

材料应用说明 | 顶部外挂石材系统 层层叠叠，与重庆山城随处可见的台阶形象相呼应；中间大面落地玻璃 的设计使建筑与自然景观形成了一定的对话，为客户带来视觉的享受；底层天花采用珠光色铝板为建筑增添了几分现代、奢华的气息。

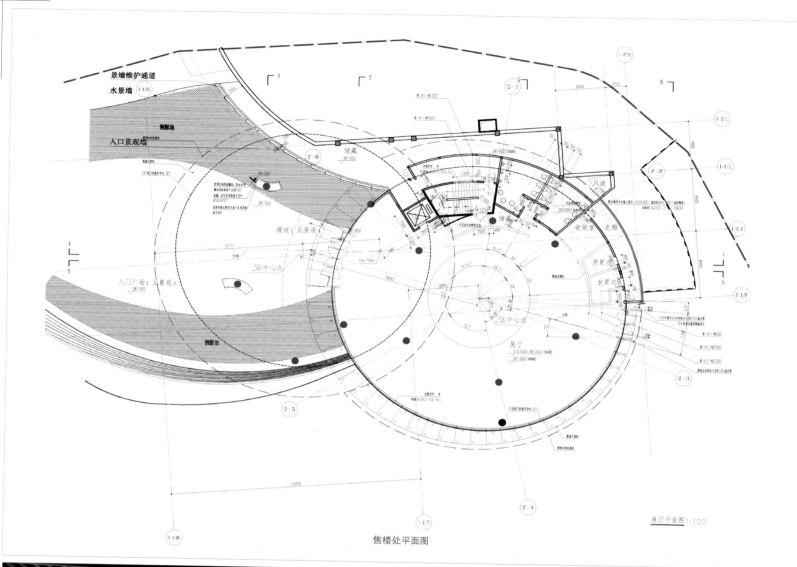

售楼处平面图

展厅平面图 1:100

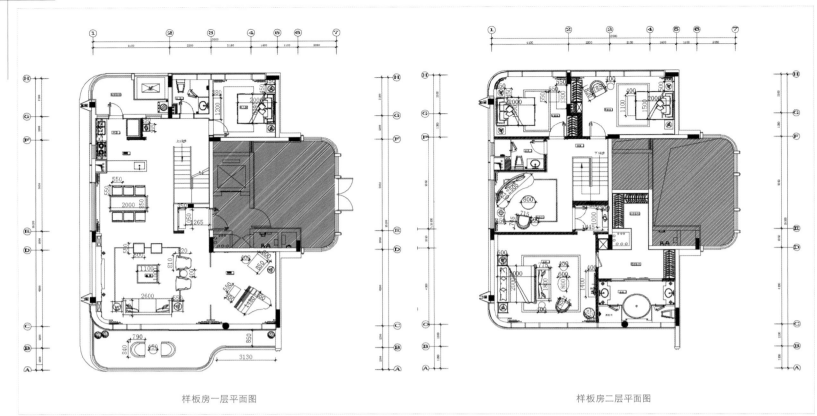

样板房一层平面图　　　　　　　　样板房二层平面图

新古典

新古典风格，

源于西方派艺术风格，

它有着天然的高贵基因，

用极其繁琐的装饰表达空间的奢华与优雅，

更能通过其多线条蜿蜒的设计路线，

为生活铺上优雅的"红毯"。

它以"形散神聚"为要领，

在注重装饰效果的同时，

用现代手法和材质还原古典气质，

将怀古的浪漫情怀与现代人对生活的需求相结合，

具备了古典与现代的双重效果。

它以其优雅、唯美的姿态，

平和而富有内涵的气韵，

让古典的美丽穿透岁月，

在我们的身边活色生香。

广州金地·天河公馆

武汉光谷绿地·国际理想城

长沙旭辉·湖山赋

杭州·景瑞天赋

典雅尊贵 台地花园

广州金地·天河公馆

开发商：金地集团 | 项目地址：广州市天河区黄云路

占地面积：44 869 平方米 | 建筑面积：192 228.99 平方米 | 容积率 3.0 | 绿化率：35%

建筑设计：上海水石建筑设计咨询有限公司、华阳国际设计集团广州公司

景观设计：杭州安道建筑规划设计咨询有限公司

主要材料：米黄色石材、LOW-E 玻璃、水晶、大理石、木材、草席、墙纸等

　　金地天河公馆，地处广州天河奥体板块，位于第三条城市发展中轴线上，是广州的最后一个生态低密度项目，也是金地集团倾力打造的精工智能化豪宅。项目采用半合围式布局，由品字形高层洋房和联排别墅组成。

　　作为该地区高端系豪宅项目，项目注重人文关怀，以典雅尊贵的新古典风格作为设计主调，并巧妙地结合法式别墅的简约端庄，营造出高端精英居所的低奢品质感。其园林采用法式设计，层次丰富的台地园林景观如锦上添花，以严谨的法式中轴设计、错落有致的绿植以及优雅的水景，构建出庄重而不失浪漫的精英居住环境。

区位分析

金地天河公馆位于广州天河区东部奥体板块，处于第三条城市发展中轴线上，是天河区规划的大型改善型居住板块。基地位于原华美牛奶厂地块，东临广州的发展新区萝岗，西邻"世界大观"公园，北面为高新技术产业的示范基地——广州科学城，南侧是亚运主会场之一的奥体中心。

定位策略

金地向来是以"科学筑家"为产品设计的理念，考虑到项目定位为高端改善型居住，生活的舒适性成为设计的重点。其设计注重人文关怀，突出公共空间的可参与性，提供充足、有亲和力的空间，以多样的休闲活动场所、层次丰富的园林景观和便捷的生活配套设施，打造宜居的精英居所。

规划布局

项目采用人车分流，充分利用珍贵的地面资源，打造无障碍的自由安全空间。其规划布局反复推敲，采用半围合布局，由8栋品字形高层和41栋联排别墅组成，分区明确。项目优先考虑高层的居住体验，采用科学的错落布局，形成超大楼间距，以保证充足的日照、通风、景观和高层围合而成的花园活动空间。

别墅区位于西南侧，与高层独立分区，充分利用南侧和西侧宽阔的景观绿化带作为别墅区的外围花园。别墅区采用线性布局，充分利用地形高差，打造有层次的景观序列，营造高品质归家感受。从小区入口绿化通过层层轴线序列空间，逐渐过渡到舒适安静的私家花园，移步异景，彰显社区品质。

建筑设计

高层建筑采用金地"名仕"系列建筑风格，运用古典立面构成原理，将建筑立面进行三段式划分，结合平面凹凸关系进行体量的穿插，在标准段对阳台进行细部刻画，用线脚勾勒，以最少的笔墨增加局部细节。项目通过竖向线条的收放变化，体现新古典建筑的挺拔俊朗，营造高端精英居所的品质感。

别墅建筑采用金地"世家"系列法式建筑风格，立面采用干挂石材，通过严谨的比例关系、简化的柱头、线脚等细节，以及坡屋顶、窗花等形式元素，营造尊贵典雅的法式风情。

户型设计

项目高层采用两梯三户品字形布局，以保证每户均有充分的采光和通风，相互之间没有遮挡。南侧户型三面采光，独享270度无敌景观和最充足的日照采光。东西两侧户型为正南北朝向，南北通透，双阳台设计以欣赏南北花园风景。户型方正合理，动静分区明确，各功能空间以各种家庭活动研究为基础，做到尺度分配均衡。

景观设计

项目的景观风格深具新古典韵味，采用欧式台地式布局方式解决入口处高差问题，以规整的中轴和树阵为环境带来强烈的仪式感。中心水景配合建筑风格，以法式中轴形式创造出强烈的仪式感，彰显地块的尊贵身份。临街部分以流动的线型和宽阔的草坪营造出悠闲的漫步空间。在营造高端住区景观功能方面，项目以金地"360度健康家"为目标，着力打造户外夜光跑道和全龄段健身场地，在绿意环绕的自然空间里，不仅为业主带来运动和健康，更是一种积极的生活态度。

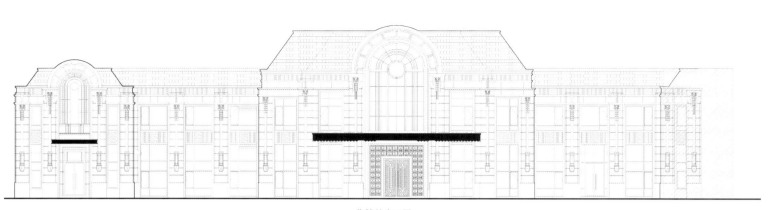

售楼处立面图

材料应用说明 建筑立面采用干挂石材，并通过坡屋顶、窗花等形式元素，营造尊贵典雅的法式风情。大面积玻璃开窗的设计为室内带来充足的光线的同时，也为整体建筑增添了现代时尚气息。

① 青瓦

② 黄锈石花岗岩

③ Low-E 玻璃

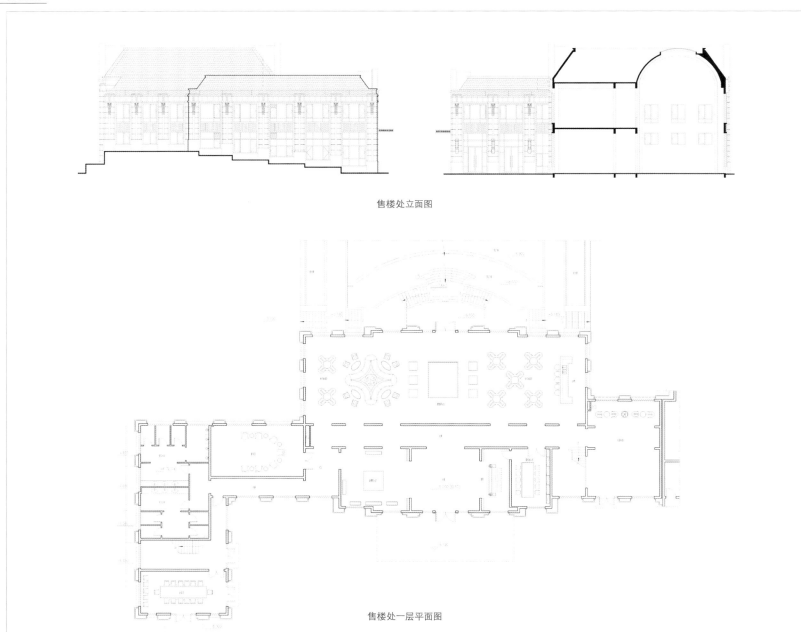

售楼处立面图

售楼处一层平面图

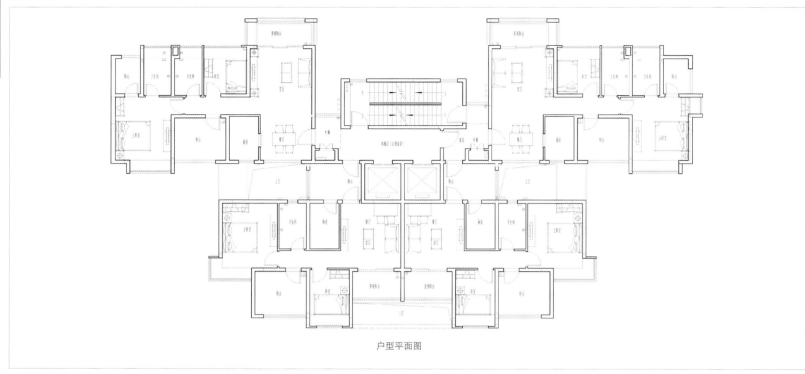

户型平面图

材料应用 说明｜繁复的水晶吊灯与花瓣形木质茶几上下呼应，大理石壁炉与两侧的描金条案营造出法式轴线对称的恢弘气势，烘托出一个柔和、优雅的会客空间。

① 汉白玉大理石

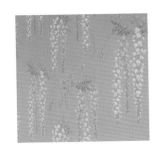

② 花纹墙纸

③ 草席

材料应用 说明｜地面选用草席铺就，配合墙面带有花草图案的墙纸，营造了一个清新的法式田园氛围。

碣石风情 雅致生活

武汉光谷绿地·国际理想城

开发商：绿地集团武汉事业部 ‖ 项目地址：武汉市光谷洪山区高新四路与光谷三路交汇处

占地面积：297 043 平方米 ‖ 建筑面积：504 200 平方米 ‖ 容积率：2.44 ‖ 绿化率：30%

景观设计：上海墨刻景观工程有限公司（商业示范区）

主要材料：主要材料：红砖、白色仿石材砖、超白玻璃、铝板屋檐等

武汉光谷绿地·国际理想城是首个以理想家标准设计的产品，其服务理念不断升级，以百变家、美丽家、精纳家、科技家、服务家五大模块为客户提供更高品质服务。项目选址武汉发展黄金之地，聚定光谷东，规划 57 栋汇集高层、小高层、洋房等多重产品，同时自带商业以及教育用地，更重金打造理想园林，特设儿童智趣托管课堂等，填补了光谷中心城高品质住宅空白，打造光谷东的理想中产生活之城。

项目示范区继续贯彻"理想家"标准，以"公园里"与"国际社区"两大关键词为设计主线，实现建筑、景观、商业一体化设计，让居者更真实地体验低调优雅的精致生活。

绿地®集团 | 改善系

项目背景

武汉光谷绿地·国际理想城位于武汉市东湖高新区三环外以东关豹高速一线，距离武汉市中心区 20 千米，距离未来规划的武汉市光谷中心城 5 千米。基地北侧紧靠高新三路，直接连线三环线，南临佛祖岭东街，西接书风路，东至光谷四路，地理位置优越。

项目以"公园里"与"国际社区"两大关键词为设计主线，通过接引城市公园、景观通廊导入以及绿色慢行系统打造绿色公园生活体系，为理想社区提供软性支撑；并在 5 个层次打造国际化的生活体验，为理想社区提供硬件配备，全面满足理想社区人群多样化生活方式。

示范区设计

设计理念

武汉光谷绿地·国际理想城是首个以绿地理想家标准设计的洋房产品，该标准亦贯穿在示范区的规划设计中。示范区建立在"可感知的公共资源、可体验的社区配套、可互动的场景营造、可关怀的物业服务、可延伸的社区文化"五大构架之上，加上开放街区规划和人性化的细节设计，真正实现建筑、景观、商业一体化设计，予人以丰富、舒适、真实的体验感。

景观设计

住宅示范区设置景观会客厅、全龄儿童活动区、夜跑道等理想家体系功能空间，从功能到细节无微不至地关注客户的诉求，倾心打造国际中产社区。商业示范区则以经典褐石建筑为主，还原褐石商业街的浪漫风情，并利用活跃的旱喷广场及礼仪入口，立体的城市界面及商业延展空间，营造出社区休闲配套商业氛围。

商业街情景化营造

商业示范区结合项目的定位以及设计主题，引用了三里屯的"快玩慢活"的理念创新，分为三层来规划，增强街区的体验感。

第一层根据"褐石"街区的风格，引入设有大气玻璃幕墙的书店、低调有品位的古董咖啡店、有艺术感觉的画廊等代表性业态，搭配红砖白墙的建筑，渲染整条街区的商业氛围。

第二层结合景观现状，引入五彩斑斓的花店、色香诱人的面包店、复古热情的双星餐厅等商业，利用外摆弱化与景观的界限，并增加街区的装饰感。

第三层旨在提升参与感，引入方便快捷的幕臣超市和里程时区餐厅两大实体店，让客户直接体验整条商街的运营状态，从而增强客户的信心。

售楼处设计

售楼处内部运用当代设计手法，将现代主义的简约和书品陈列斑斓且深厚的内涵之间产生鲜明对比与完美融合，使之带来浓烈的艺术底蕴，平和、轻松、极致，是简约，更是一种东方韵味。

空间内大面积留白处理，简约中蕴含大量细节，并将细节洗练到极致。大面积白墙面通过点线面的分割，大幅提升空间层次感。其映射出的光线不局限于一时一地，彰显出另一种层次效果，营造出具有现代感的几何切面。

色彩构成上以写意为主，黑白灰大面积的色彩渗透体现在空间基础之上，色彩的变换、对比及相互的糅合，也体现了在选材上面的良苦用心。灯光上的设计起到画龙点睛的妙用，使空间更加灵动起来，点点光影与材质间的互相辉映促使空间蓬勃大气。

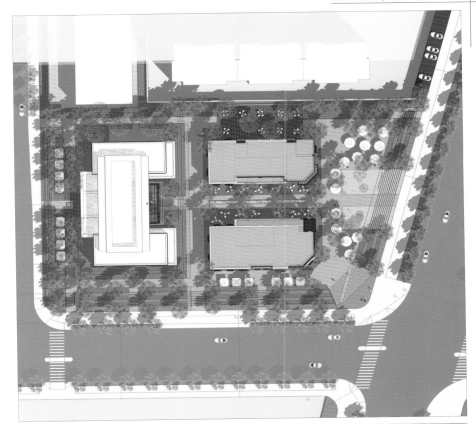

材料应用说明 红砖鲜艳的色彩和独特的肌理打造出复古而大气的建筑形象，白墙则为建筑增添了温馨整洁之感，二者相映成趣。

 ❶ 红砖

 ❷ 白色仿石材砖

 ❸ 超白玻璃

 ❹ 铝板屋檐

材料应用说明 玻璃与金属板的搭配可谓相得益彰：大面积玻璃的使用使得整个建筑看起来晶莹剔透，简洁且富有轻盈感，搭配金属材质的屋檐又从视觉上给人以扎实和稳固的观感。

售楼处立面图

法式浪漫　端庄典雅

旭 长沙旭辉·湖山赋

开发商：旭辉地产长沙公司｜项目地址：长沙开福区新联路以北、中青路以西
占地面积：510 109.66 平方米｜建筑面积：1182 134.46 平方米｜示范区面积：30 000 平方米
建筑设计：汇张思建筑设计咨询（上海）有限公司｜室内设计：深圳市尚石设计有限公司
景观设计：深圳市尚合建筑设计有限公司泛亚景观设计（上海）有限公司
主要材料：花岗岩、陶瓦、大理石、汉白玉、瓷砖、金属漆等

　　长沙旭辉·湖山赋定位稀缺型高级改善产品，通过尊贵典雅的内部环境以及富有人文关怀的全龄全景功能规划，打造一个有温度的南法小镇艺术生活社区。

　　项目以简约法式清新、亮丽、现代的风格为基调，将古典意境和现代风格对称运用，打破混凝土方盒沉重的形象，形成轻盈、活泼的建筑形态，同时又不失华贵、稳重大气之美。室内设计延续了建筑外观的简约法式风格，营造了一个仪式感与法式浪漫并存的空间氛围。其景观在现代典雅的法式元素之下与建筑、室内形成呼应，从而实现了建筑、景观、室内一体化，现代艺术的元素也被融入其中，经典被礼仪性的一体化空间全新诠释出来。

CIFI GROUP
旭辉集团 ｜ 改善系

区位分析

长沙旭辉·湖山赋位于长沙市开福区，属金霞板块核心地段，距离市中心35分钟车程，湘江世纪城商圈仅15分钟车程，交通便利，且紧邻高岭商贸城组团，区域前景具备较强产业支撑。

立面设计

项目将法式建筑的精髓植入立面设计中，融合古典意境和现代风格，用现代设计隐喻传统。建筑整体以韵律为基调，形成端庄典雅的建筑形态，并追求建筑整体雕塑感，通体洋溢着法式浪漫的气息。同时，基于对理想情景的考虑，在细节雕琢上下功夫，力求在气质上给人深度的感染。

室内设计

整个售楼处被分为两个部分：一楼是会所，通过中庭与连廊的空间组织形式，将咖啡厅、书吧、影视厅和VIP凝聚在一起；健身房、瑜伽室和泳池形成一个私密的休闲配套区。二楼是接待前厅、沙盘区和洽谈区。

在空间打造上，售楼处以厅（大堂）为核心延续出若干功能空间，将繁复的功能空间有序地组织在主动线左右，让人在参观的过程中感受到空间的收放有序：有震撼的大厅，有婉约的矮廊，将小中见大的空间处理手法发挥得淋漓尽致。

室内空间设计延续了建筑外观简约法式风格，通过广庭式、连廊式的空间组织形式，营造了一个具有仪式感与法式浪漫并存的空间氛围，同时也隐含了东方文化里的礼制关系，以空间的进制、层级序列体现出具有尊贵感的空间气质。整个室内设计将法式风格元素简化、几何化，运用空间光影的变化，将石材、金属线条、皮革等材料有机结合。

建筑、景观和室内一体化设计的呈现：

室内外运用不同设计手法，连廊、景观水景广场，与室内广庭式中庭呼应；景观水景桥与室内挑空区不同"桥"的意境体现，让人如同在多元的艺术空间中游走、赏析。不同角度表现的效果不一，不仅满足了丰厚力量与生动意境，也充满了艺术气息，让人置身整个空间中达到另一个精神领域。

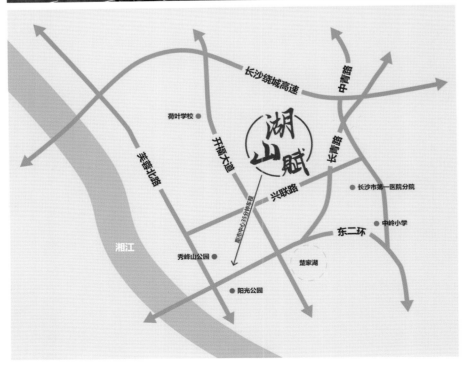

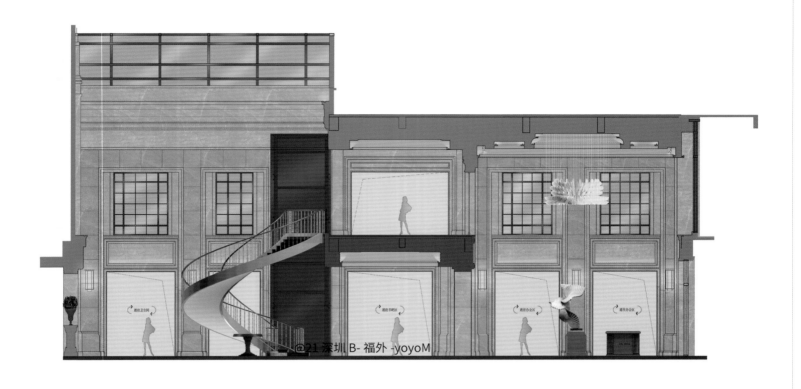

售楼处立面图

① 花岗岩

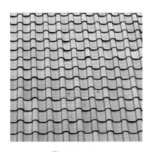

② 陶瓦

材料应用
说明 ┃ 湖山赋售楼处外立面采用色泽淡雅的质感石材，稳重大气，结合灰黑色陶瓦屋顶，让整个建筑立体挺拔的同时，又不失优雅尊贵的美感。

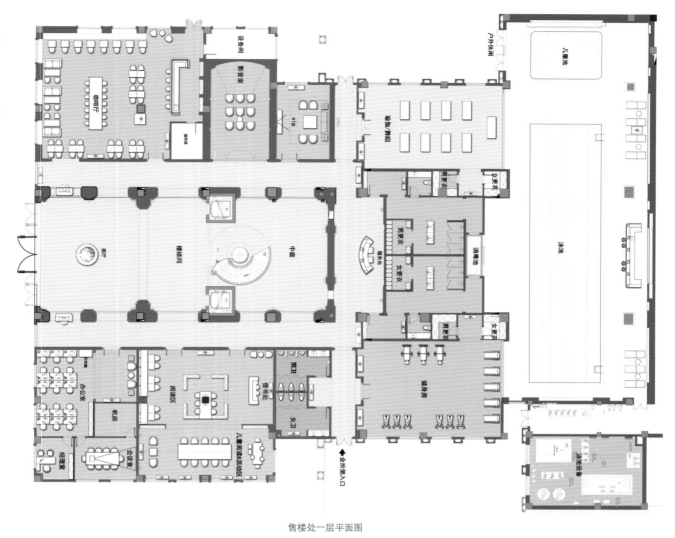

售楼处一层平面图

① 奥特曼大理石　　　　**②** 汉白玉艺术雕像　　　　**③** 金属框　　　　**④** 黑白根大理石

材料应用说明 ｜室内延续室外典雅的法式风格，以浅色系石材为主体，局部点缀黑色石材、金属线条，呈现一个兼具尊贵与浪漫的法式空间。

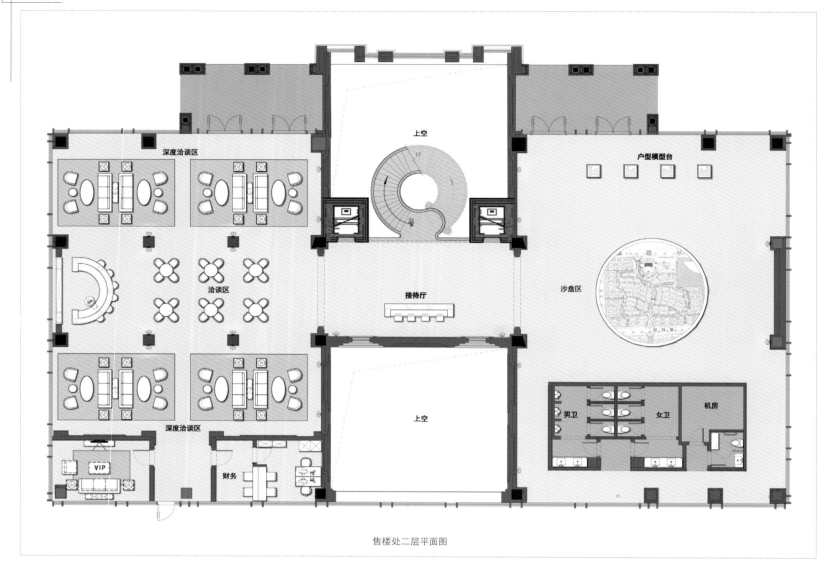

深度洽谈区

户型模型台

上空

洽谈区

接待厅

沙盘区

上空

男卫　女卫　机房

深度洽谈区

VIP

财务

售楼处二层平面图

定制生活 自由人居

杭州景瑞·天赋

开发商：景瑞地产 ▏项目地址：杭州萧山博奥路扬帆路交汇处

占地面积：32 666 平方米 ▏建筑面积：71 865.2 平方米 ▏容积率 2.2 ▏绿化率：34.55%

总体规划与建筑设计：长厦安基建筑设计有限公司 ▏示范区建筑与空间设计：上海日清建筑设计事务所

景观设计：上海澜道环境设计咨询有限公司

主要材料：白洞石、深咖色铝板、中国黑花岗岩、幻彩灰麻石材、不锈钢、玻璃、大理石、木材等

　　杭州景瑞·天赋位于钱塘江畔，奥体中心中轴之上，发展潜力巨大。项目建筑造型采用简洁大气的新古典主义风格，与富有艺术气息的景观设计相辅相成，将现代、时尚、艺术完美融合，共同打造了一个兼具高尚气质与优雅个性的都市豪宅。

　　在豪宅林立、尺度奢阔的一江两岸，项目更注重的是对"人"需求的考量及关怀，凝聚景瑞 24 年经验之大成，以其独创的、基于客群需求的、创新化的"自由家 Pro"自由定制设计，从"空间定制"、"精装定制"、"服务定制"三大方面赋予产品更高的居住价值，满足了不同家庭、不同成长时期需求，为奥体带来独具想象的自由人居。

景瑞地产 ▏天字系

定位策略

项目是景瑞在杭州迄今为止打造的最高端产品，旨在创造一个布局合理、功能齐备、交通便捷、环境优美、具有鲜明个性的花园式生活居住空间。整个住宅小区布局精巧、错落有致，远观端庄、大气，近看精致、典雅。单体中重视户型设计，重视景观资源的利用和营造，创造多元空间。整个设计力求营造出满足未来生活需求、充满高尚气质与优雅个性的都市住宅。

规划布局

项目充分利用现有资源，沿北侧杨帆路与东侧守信路布置沿街商业，在景观资源好的位置布置住宅，其中沿小区外围尽可能多地布置高层住宅，小区中心花园区域布置多层住宅，在塑造完整大气的城市界面的同时，也使住户得到最大化的景观空间。

建筑设计

项目建筑造型以简洁大气的新古典主义为主，意境上取"天人合一"的寓意。精美的材质配合宜人的色彩，带来视觉的享受。不同材质墙体的对比，线脚的变化，以及高档金属窗框的运用，体现出高贵典雅的建筑风格。

构筑物及墙体上部的立面设计在注重细部的前提下做到尽量平整，凸显景观建筑的现代感和体量感。古典三段式元素，结合现代舒展的线条，带来一种独具个性、辨识度极高的外立面效果。

建筑主体以米黄色天然石材为主，辅以金属铝板包边，整体色彩清新明快，细腻典雅，彰显简约大气。

示范区设计

入口广场铺装通过泼墨山水的元素进行了艺术表达，与杭州这座山水之城的气息相呼应，并通过现代的门头、片墙、水景等元素打造台地式的礼仪空间，将景观从城市界面向示范区的核心深处进行延伸。

穿过门头，一条空中栈桥横跨口部的下沉庭院。处于这狭窄的通过型空间之中，不仅能感受到空间的纵深，而且空间上下视线间的关联也使得通过过程充满新奇与趣味。两侧跌水的艺术景墙传递着现代艺术气息。

进入示范区的核心区，大面积镜面水景、圆形下沉庭院、弧形道路、点睛雕塑等元素的有机结合赋予了这个空间无限的向心力，也传递出自由艺术的气质。线形的镜面弧形景墙、架空离缝的铺装步道、星空镜面水景，也使得到访的客户产生对未来美好生活的无限遐想。

户型设计

项目户型设计精研优化的功能性，以毫米为度打造阔适空间，将3-4米开间朝南大面宽、270°观景阳台等难能一见的舒享设计融入都会生活。项目有四种户型（115平方米、125平方米、139平方米、165平方米）可供选择，主力户型为125平方米户型和139平方米户型。

项目户型均可提供灵活可变的定制方案，通过墙体的转移变化，既可实现大三房与功能四房的空间切换，不同搭配对应不同需求，全人群精确覆盖。不论是两口之家、三口之家、二孩家庭，还是三代同堂都可以根据自己的需求改造自家户型，真正实现从大到小、从里到外的全方位定制，打破所有局限。

样板房设计

139平方米样板房采用法式典雅风格设计，整体空间以灰色系为主，白色系为辅，配以现代欧式古典来营造浪漫、尊贵、温馨的家庭环境。室内规划将使用更为现代的处理手法，通过不同材质的使用，强调空间的仪式感和尊贵感，融入装饰主义的细节处理方式，营造法式典雅精致的空间氛围。

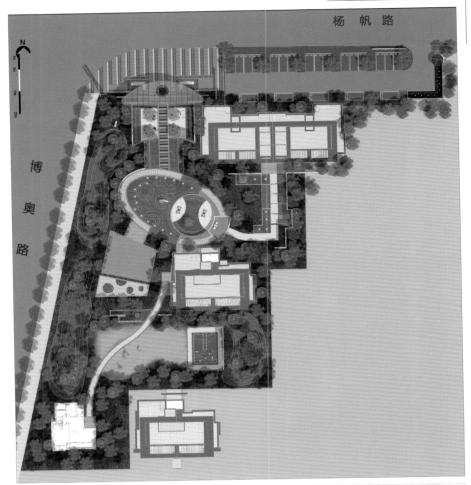

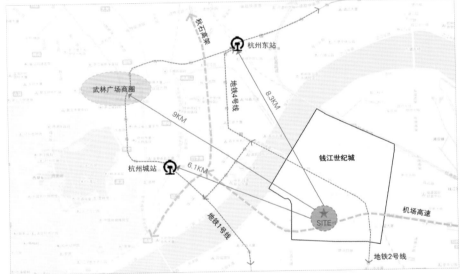

1 生态停车场

2 示范区入口广场

3 精神堡垒

4 主入口跌水水景

5 空中栈桥

6 休闲下沉庭院

7 下沉水景

8 中央核心水景

9 临水环步道

10 售楼处

11 核心下沉庭院

12 户外洽谈平台

13 实体样板房花园

14 创意下沉庭院

15 特色水景墙

16 临时样板房花园

17 艺术下沉庭院

材料应用说明 入口处巧用石材结合水元素营造自然氛围；金属雕塑造型设计极富现代感，与静水面石材的搭配又彰显金玉之气，高贵而不庸俗。

2

① 铝合金板

① 中国黑花岗岩

② 幻彩灰麻

③ 米白洞石

材料应用说明 入口景墙选用天然白洞石，其颜色单调纯净、造型质朴无华，却呈现出高端大气的效果。深咖色铝板屋顶与白色景墙在色调搭配上相得益彰，给人舒适的视觉体验。

❶ 金属墙面板

❷ 云多拉灰大理石

❸ 米黄洞石

实景图

户型平面图

现代轻奢

轻，是一种态度，

奢，是一种雅致，

现代轻奢，

不炫耀、不张扬，

是一种随性的优雅。

它集现代、自然、简约、时尚为一体，

摒弃了传统意义上的奢华，

简化装饰、返璞归真，

在简单的同时，

有着微妙的细节处理：

看似简洁的外表之下，

常常折射出一种隐藏的贵族气质。

现代轻奢，

是一种恰到好处的精致，

给人时尚前卫却又不失典雅的居住体验。

济南万科龙湖·城市之光

深圳卓越·星源

上海绿地·松江林肯公园

成都绿地·新里城

漂浮的光盒子

济南万科龙湖·城市之光

开发商：万科、龙湖 ┃ 项目地址：山东省济南市历城区东北部
占地面积：173 369 平方米 ┃ 建筑面积：404 735.59 平方米 ┃ 容积率：2.3 ┃ 绿化率：30%
建筑设计：长厦安基建筑设计有限公司 ┃ 景观设计：陆玛文旅景观设计股份有限公司
室内设计：上海达观国际设计事务所；北京为上世纪建筑装饰有限公司
主要材料：透光玻璃、亚克力、金属等

　　万科龙湖·城市之光是万科打造的"幸福系"的迭代产品——"光"系列。光，点亮希望、照耀未来。有人说："一座城市应该有像光一样的地标，代表未来，它便是城市之光。"现代、简洁、未来，光芒闪耀的地方便是城市之光。正如其名，万科龙湖·城市之光以其现代感十足的作品点亮济南这座城市。

　　该项目由万科和龙湖强强联合开发，位于济南市雪山片区，拥有便捷的交通以及优越的景观资源。项目结合周边生态环境和自身地形，以亲地、自然为设计的出发点，强调建筑融汇于景观之中，构建绿色、生态、健康的人居环境。项目售楼处将漂浮、光、盒子融为一个概念，以"漂浮的光盒子"形象示人，塑造了兼具现代感与未来感的空间。

vanke 万科 ┃ 幸福系

项目概况

城市之光由万科和龙湖两大品牌携手打造，位于济南市历城区东北部，济钢原址，紧邻轻轨 R2 线，交通便利；西侧紧邻滨河公园，东侧临近城市公园，景观资源优越。项目结合周边大生态环境，根据用地的自身地形，以亲地、自然为设计的出发点，创造具有项目自身特色、符合项目发展定位的绿色、生态、健康的人居环境。

规划布局

项目住宅以 18 层高层为主，地块四面均为规划道路，东侧沿规划道路 2# 设置副食品市场；北地块 4# 配套楼依据规划条件要求设置 5000 平方米社区服务；物业服务设置在北地块 5# 楼负二层、南地块 6# 楼住宅楼的首层及 15# 负一层；其余市政公用分散设置在地库及商业首层。

景观规划

小区内部景观设计从户外空间的总体脉络和层次入手，强调系统性与和景观的可用性，重视景观的动态体验。小区内部景观系统强调景观的连贯性，中部核心景观花园连接带状景观大轴，结合漫游步行景观道构成有着绿色背景的丰富而生动的景观效果。中央花园除了提供住户一个自然绿化的居住环境外，还明确了空间的层次感和用来区分不同部分的功能空间。此外，小区每一居住组群都布置了组群绿地，使每户居民就近都有一处供游憩、活动和邻里交往的场所。

示范区设计

景观设计

异形门：入口大门采用不规则的异形门设计，石材缝结细节处理妥当，时尚感十足，又不失大气庄重；其坐落在三棵超级树的旁边，两者交相辉映、相互衬托。

时光长廊：时光长廊错落有序，既统一又富有变化，给人以穿梭时光的奇妙感受。夜幕降临，时光长廊闪闪发光，与白天所见又大为不同，营造了一种神秘的氛围，饶有趣味。

合欢树：两叉冠幅 10 米的合欢树被安置在焦点位置——山头，寓意守望着这一片祥和之地。神鹿守候在合欢树旁，融入景色，使景观更具有画面感。四叉冠幅 12 米的丛生合欢树置于广阔的草坪之上，起名"百年好合"，寄托美好愿望。

户型设计

110 平方米样板间为南北朝向，北向入户，入户和居室有一小段过渡空间，可布置玄关柜等。进入居室后是一个客厅餐厅连通的大开间。

客厅开间面宽 3.8 米，进深大约 3.88 米，带外接阳台，采光通风条件优越。客厅北向是餐厨区域，餐厅客厅无遮挡，比较宽敞。餐厅与厨房仅一门之隔，传餐方便。厨房为 U 型设计，从洗刷、备菜到烹饪均是一步的距离，操作方便，橱柜及吊柜的设计保证了大量的收纳空间。

主卧朝南，带有 270° 拐角大飘窗，可以沐浴更多阳光。飘窗另一侧有内嵌式壁橱，方便收纳。次卧室空间宽敞，带有大窗，具备良好的采光和通风条件，舒适度较高，后期可改为书房。

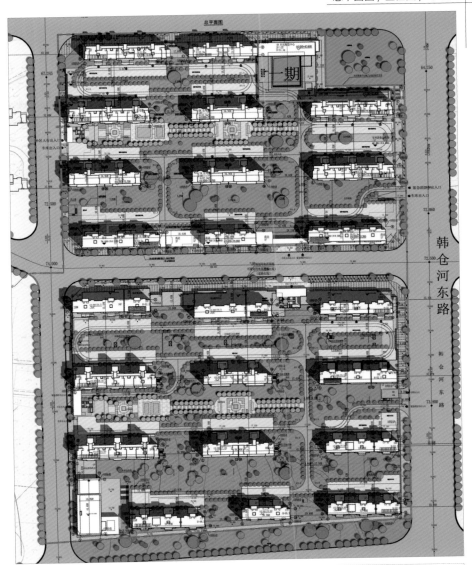

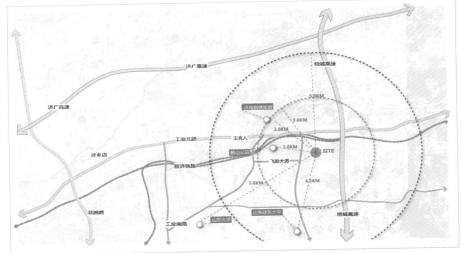

材料应用说明 示范区建筑大幅采用透光玻璃、亚克力发光板作为材料，结合水景打造"漂浮的光盒子"，兼具现代感与未来感。

① 透光玻璃

② 亚克力发光板

③ 铁艺廊架

④ 人造石走道

材料应用说明 时光长廊采用简单的金属构件架构而成，简洁而利落。其错落有序的排列方式，既统一又富有变化，给人以穿梭时光的奇妙感受。

城市山林 水院美筑

深圳卓越·星源

开发商：卓越集团、世纪星源 ｜ 项目地址：广东省深圳市龙岗区平湖富安大道科园西路
占地面积：53 000 平方米 ｜ 建筑面积：270 000 平方米 ｜ 容积率：3.76 ｜ 绿化率：30%
建筑设计：柏涛建筑 ｜ 景观设计：源创易景观
主要材料：镀锌钢板、烤木纹色漆铝通、不锈钢、蒙古黑花岗岩、玻璃、大理石等

　　依水而居，倚林而生，是久在都市"樊笼"里的人们最神往的生活状态。深圳卓越·星源结合中国古典造园理念，萃取传统园林的意境，用现代的景观设计语言，精筑水景园林，为都市人们打造了一座富有意境和生活情趣的现代山水宅院空间。在这里，绿植、小品、水景、亭台、阳光，共同演泽了"林、园、趣、影"相融合的自然韵致，在城市繁华地带展示山林间美好的时光，营造品质宜居生活。

　　项目售楼中心建筑设计灵感来源于晶莹剔透的珠宝首饰盒，汲取宝石切割的想法，采用全玻璃幕墙表皮系统，为人们呈现一个晶莹剔透的"宝盒"，在"城市山林"中熠熠生辉。

区位分析

卓越·星源位于广东省深圳市龙岗区西北部,该地区是深圳市至东莞市、龙岗区至宝安区的交汇点,区域内立体交通网络畅顺通达,三条地铁线贯穿其中,周边道路包括平新北路、工业大道、凤岐路和富安路等,30分钟左右可到达市中心;南面是"天然大氧吧"平湖生态园,自然环境优越。项目自带约2400平方米幼儿园,周边享有辅城坳小学、信德学校、平湖外国语学校(初中部)等教育配套。

示范区设计

示范区采用售楼处与样板房离散布局的方式,将山、水、园植入其间,通过自然的媒介将其融汇一体。一条连廊将其串联,增加了花园空间层次,同时更加人性化。

建筑设计

售楼处建筑设计灵感来源于晶莹剔透的珠宝首饰盒。建筑外形汲取宝石切割的想法,采用全玻璃幕墙作为表皮系统,经由体量的切割形成通透而极具昭示性的入口。

与正立面强调昭示性与标志性不同,建筑在庭院一侧的立面则采用与景观、室内一体化的设计手法,格栅的元素被同时运用在建筑、室内、和景观设计中,在增加视觉层次的同时,营造出更为自然、禅意的空间氛围。

景观设计

示范区景观设计结合中国古典造园理念,巧妙运用山、水、园三个主题元素打造"城市山林"空间。整个景观设计以客户为本,根据到访动线,打造层层渐进的九重景观体验。

精神堡垒:精神堡垒设置在车行入口,作为对外形象展示,以现代手法提取"山"元素进行设计,结合起伏折线造型营造磅礴、宏伟的气势,突出项目"城市山林"主题。

LOGO迎宾墙:LOGO迎宾景墙结合起伏的艺术地形营造山峦叠起的景观体验,突出"山"的设计主题;多层次的植物背景遮挡一部分景观视线,将售楼处藏于身后,吸引客户前往探索。

趣味停车场:停车位外侧以黑白琴键为灵感来源,将人行走节奏与跳跃琴键结合。立体音符铺装引导人流穿越车行空间,女性停车区与普通停车区在色彩上差异化设计。

"山谷"夹道:入口通道结合通道两侧植物形成"山林夹道"空间,展现项目特色的同时,打造差异化空间体验。植物以变化丰富的林冠线打破建筑横平竖直的线条感,视线上以虚实结合的手法,结合季节色彩变化来打造多维度空间体验。

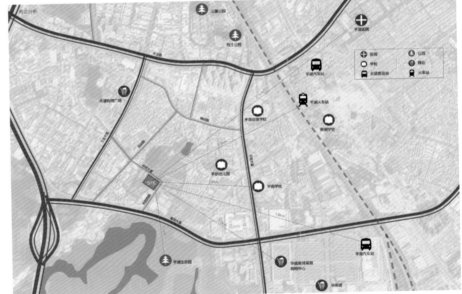

销售中心入口:售楼部入口空间以水中点景树为对景,突出项目的精致感,整体建筑仿佛漂浮于水景之上,呼应售楼部区"水"的主题。

庭院景观:样板房庭院的尺度经过多次推敲,阳光草坪、水景以及特色景观亭的比例恰到好处,营造舒适、自然的体验氛围;特色景观亭倒影在镜面水景上,点缀山型雕塑,犹如山水墨画,渲染出中式园林的禅意情怀。

儿童活动区:儿童活动区以动静分区,避免动态与静态活动中儿童间的碰撞,在细节中体现人性化关怀。

风雨连廊:在售楼处与样板房之间设计风雨连廊,为客户遮风挡雨,营造尊贵的看房体验。廊架立柱间隔布置照明灯,便于晚间通行,全方位考虑客户的参观体验。

"林间宝石"主题软装:以现代的手法提炼"山"元素,以其抽象化的折线设计融入雕塑、灯具、精神堡垒等景观小品中,展现项目精致感与品质感。小品犹如宝石散落在林间,等待游人探索,营造趣味的体验空间。

材料应用说明 售楼处建筑采用玻璃幕墙作为表皮系统，其双层表皮的设计使得射入的阳光被多次反射，呈现出晶莹剔透的质感。表皮中的部分玻璃采用彩釉夹胶工艺，金色、透明色与白色背板搭配，在阳光下，产生灿烂夺目的视觉效果。

① 玻璃幕墙

② 镀锌钢板

③ 烤木纹色漆铝通

④ 蒙古黑石材

材料应用说明 | 造型简约的景观亭由外刷木纹色漆的镀锌钢板构建而成，规整的仿木色格栅分立两侧，让空间更为优雅、灵动。古桩石榴与堆砌片岩的不锈钢树池相结合，倒影于黑色石材蒙古黑花岗岩铺贴的镜面水景中，营造出景观的古朴

1 灯具

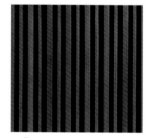

2 仿木色铝通格栅

3 双层中空玻璃

4 卡布奇诺大理石

材料应用说明 || 大面积落地玻璃窗的设计搭配浅色系大理石地面，带给室内空间通透敞亮的视觉效果，格栅元素和黑色石材的加入在增加视觉层次的同时，营造出更为自然、禅意的空间氛围。

5 蒙古黑石材

6 仿铜铝板

人居范本理想家

上海绿地松江·林肯公园

开发商：上海绿地集团 ｜ 项目地址：松江广富林路茸凯路路口
占地面积：75 687.30 平方米 ｜ 建筑面积：198 419.15 平方米 ｜ 容积率 2.0 ｜ 绿化率：35%
建筑设计：上海天华建筑设计有限公司 ｜ 景观设计：MPG 美国摩高景观事务所
主要材料：陶土砖、超白玻璃等

　　家之所以成家，不仅仅是提供一个遮风避雨的空间，更重要的是让人在其中得到归宿感，全方位的关怀可谓是一种理想。2013 年，绿地集团"理想·家"横空出世，它重新定义了社区，从每个细节关怀社区住户，开启人居新里程。

　　上海绿地松江林肯公园是"理想·家"的升级版本，其开发在原有 1.0 体系的基础上进一步提升，在规划与设计中将对人的关怀进行到底，并根据不同人甚至是宠物的需求构思出"刚柔并 GYM""社区 HUB""社区公园""宠爱怡家""主题而童""自然宜课""青梦天地"等概念，创造全面、多元的人性空间，注重个性的同时，加强人与人之间的交流和互动，形成具有活力的新时代社区。

绿地®集团 ｜ 新里系

区位分析

松江林肯公园位于松江生态商务区，西邻松江大学城与佘山旅游度假区，东临松江产业总部区，地理位置优越，周边业态丰富。在交通方面，林肯公园位于广富林路与茸凯路交叉口，广富林路作为主干道与嘉松公路连接，南有 G60 可以莘庄立交、沪闵高架、S20 连接，驱车 45 分钟以内可达市区；北有 G50 可以连接延安路高架，途经静安寺、中山公园、外滩等繁华之地，十分便利。

定位策略

理想家在 2014 年末借璀璨天城开盘推出后，在业内得到了一致的认可。在理想家一步一步落地的过程中，摩高与绿地集团继续总结理想家 1.0 在住区中再次提升的可能性，最终仍然选择以"人"作为突破口，在规划与设计中将对人的关怀进行到底，为经常被人忽略的中年男性、青少年，甚至在现代家庭中日益重要的宠物专设各种别出心裁的活动空间以及先进的器材，结合建筑、景观和户型等空间设计，打造有温度的人居环境，让社区成为一个温馨的"大家庭"。

景观设计

景观设计借鉴中式园林格局中的前庭后院：入口形成礼仪前庭，大气端庄三进入口，承担了待客、风水的尊贵需求。内部空间则打造功能性后院，通过主跑步道连接了各个以人为需求的各个功能空间，打造兼具观赏性和实用性的景观。

刚柔并 GYM：有别于传统小区常规塑胶地垫铺设 + 走步机的基本只服务于老年人群的健身场地，理想家体系系统分析居住人群特征，推出 24 小时全民室外健身房理念，为青年男士设计引体向上、仰卧起坐，为女士们设计瑜伽、户外体操活动组等项目，真正达到全龄全时户外运动。

主题而童、自然宜课：设计利用地形，打造趣味性与益智性并重的主题性全龄化游乐场，使得不同年龄段的儿童能够相互交流，并带动父母一起寓教于乐，促进亲子关系；同时设置科普角、四点半课堂、儿童运动场、采摘趣园、可食地景等，兼顾游玩与学习的双重乐趣。

青少年活动场地：针对 13-19 岁的青少年人群特征，设置大孩子的活动空间，如轮滑滑板场地、街头篮球、涂鸦墙等，打造"青梦天地"，把宅在家里的大孩子们也吸引出家门。

萌宠乐园：给社区的宠物们设置集中的玩耍区域，结合爱宠人士的交流需求，设置交流座椅、牵引绳架、钻圈环和秀宠台等设施，让宠物的户外活动变得丰富有趣，同时满足人与宠物的互动需求。

社区 HUB：以 HUB 为中心，各功能区相互串联，最大程度利用场地为媒介，建立社区中人与人之间的连接，形成室内室外环境互动。该空间还设置廊架构筑物、秋千椅、露天影院、美食趴等，牵动人流由内而外，走出室外，拥抱阳光。

售楼部设计

建筑设计：为体现项目的清新雅致格调，售楼处在幕墙设计上创新采用了干挂陶土砖形式，并且通过精准的施工排版，在效果上实现了很高的完成度。为尽可能将商业广场院落与建筑体块自然结合，设计上使建筑体量在方整的基本形上形成高低错落，体现商业空间与周边环境的密切互动。

景观设计：考虑到建筑外立面风格，售楼处的景观以现代简约的大折线线条丰富并分割空间，展现出年轻有活力的商业主题风格。沿街部分利用楔形现代手法，结合台阶和景观坡道，延续见阶见坡人性化景观手法，确保沿街展示面新颖的同时，不遮挡售楼处的精致外立面展示。后街部分设置绿岛，结合全区展示效果，打造风情绿岛，形成商业后街区，增强风情感。

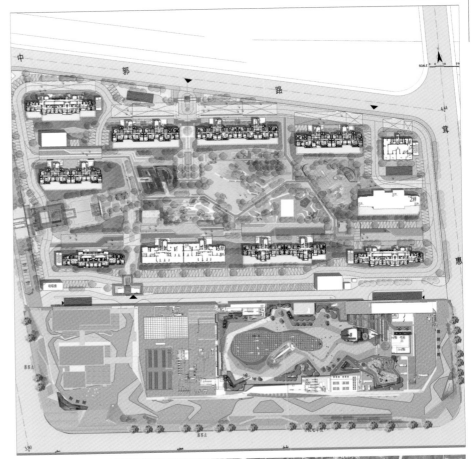

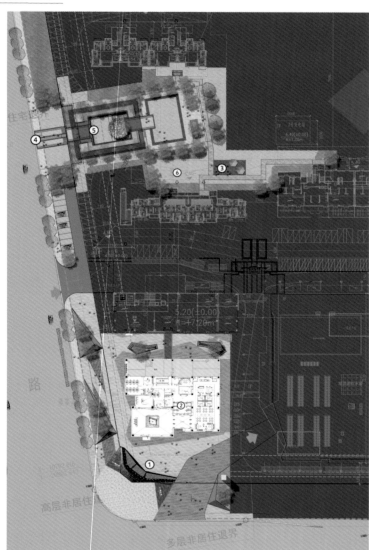

样板段景观

1. Entry plaza — 入口广场
2. Sales office — 售楼处
3. Deck platform — 休闲平台
4. Arrival plaza — 到达广场
5. Gateway corridor — 门户走廊
6. Open lawn — 大草坪

① 干挂陶土砖

② 超白玻璃

③ 灰色透水砖

材料应用说明 商业立面创新采用干挂陶土砖幕墙设计，凸显项目的清新雅致格调，与玻璃、石材的结合运用更体现了整个项目的活力与风格。

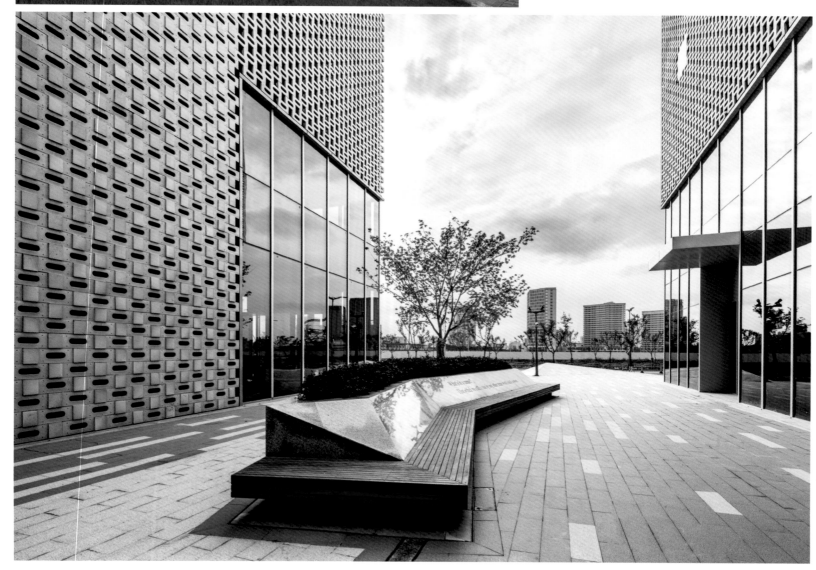

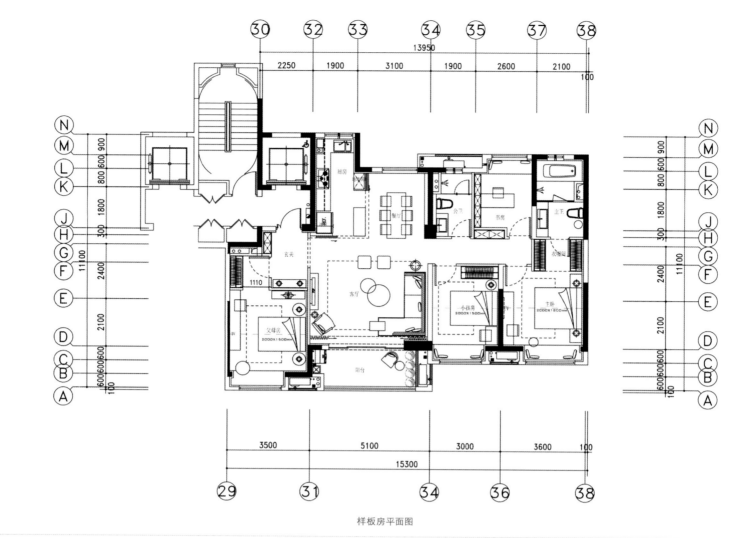

样板房平面图

东方美学的现代演绎

成都绿地·新里城

开发商：绿地集团 ┃项目地址：青羊区青羊新城光华大道

占地面积：63 000 平方米 ┃ 建筑面积：257 000 平方米┃ 容积率：2.9 ┃ 绿化率：30%

景观设计：上海会筑景观设计有限公司┃景观软装设计：广州尚沃景观设计有限公司成都分公司

建筑设计：上海一砼建筑规划设计有限公司

主要材料：仿木色铝板屋檐、木质格栅、仿木色金属格栅、low-E 玻璃、金属屋檐、木饰面、山水纹石材等

　　"天府"成都三千年酝酿积淀，孕育出这座城市厚重的历史和永恒的文化，亦浸润出城西青羊这一方沃土。依托青羊西贵地势地貌，成都绿地·新里城完美演绎了城市、艺术、人的和谐统一。

　　在建筑风格上，新里城汲取庄重沉稳的传统中式建筑文化，融入现代时尚元素，在现代空间中添加中国古典情韵，做出东方美学的现代演绎；在社区营造文化上，新里城延续中国古韵之美，回归人居礼治之道；在园林打造上，新里城依托"双园双府"，匠心营造传世国语之境……绿地·新里城完美结合了古典气韵与现代科技，宛如一组"中西合璧"的艺术品，满足了成都人对品质居住的想象。

绿地®集团 ┃ 新里系

区位分析

绿地·新里城位于成都市青羊新城核心地带，距市中心约12千米，紧邻地铁四号线蔡桥站，南侧是光华大道，西侧是绕城高速，交通便利。项目还毗邻4000亩环城生态带以及非遗国家公园、健康主题公园、生态公园等5大公园，周边有实验小学附属幼儿园、天府幼儿园、草堂小学、树德中学、石室联合中学等8大重点学府，自然及人文景观资源丰富。

定位策划

绿地·新里城地处《成都市青羊现代服务业集聚区产业发展规划》的三大现代服务业集聚区交界处，是联系青羊三大现代服务业聚集区重要纽带，项目内引入智慧产业、跨境商贸产业，产城融合打造完整跨境贸易服务生态链，建设宜居、宜业的智慧新城。项目总图布局契合成都独特气质与文脉，主体轴线的打造、围合空间的设计、景观为导向的匠心独运，传承水墨东方之魂，营造社区文化、打造精致景观，为青羊新城树立新的里程碑。

建筑设计

公建整体体型体现以跨境贸易为核心的全生态产业集群，立面肌理体现以古丝绸之路为视觉意向的新都市盛景，统一强调的水平线条，时尚、现代、大气，与住宅遥相呼应，符合政府对城市界面的需求。

住宅外立面设计框架运用了带有中国传统气韵的符号语言，着重提取精神元素，去繁存简，把兼备现代与传统的新中式风格发挥出来，融入在设计之中，让人既体会到现代设计的科技性，又体会到传统的中国韵味，简约而又富有时尚感。

示范区设计

示范区继承盛唐建筑传统神韵，营造当代都市雅致园府。整体设计充分彰显中式意境之美，结合项目特征，划分为府、庭、园三个相互独立又彼此渗透的多重体验空间，提升艺术品位，多维度打动客户。层层叠进的府门，以一条线为中心延伸而入，事物的色彩、影调、结构处处体现着和谐。传统的中式道路，以中心道路为主，花树与风灯对称着，伴随着鸟语花香，所经之处，无不给人一种静谧感，蕴含着庄重、安定之美。

设计师通过空间规划和景观考究，铺设绿植、花卉等内容元素，营造出层次立体、独具中国传统韵味的前庭和后院，前庭作为观景、户外、儿童嬉戏等活动的场所，后院则是待客亲朋、家庭活动、享受惬意生活的居所。

售楼处的设计结合了传统中式木结构建筑尺度和空间感受，继承了其独有的大气和庄重，饱含着对中国传统文化的尊重和传承。在细部处理上，其汲取了中式传统柱廊和花格窗的手法，用现代的材料和手法提炼出精致的细节。

户型设计

户型设计强调紧凑与实用性，户型平面采用较低的梯户比，提升用户体验。平面布局紧凑，户与户干扰少，私密性好；套内各功能房间动静分区明确，方正实用，T3、T4楼栋均保证三开间以上南向，通风采光好；大面宽阳台，视野及景观极佳。户型内部引入"百年居"概念，可根据家庭成员需求适当调整。

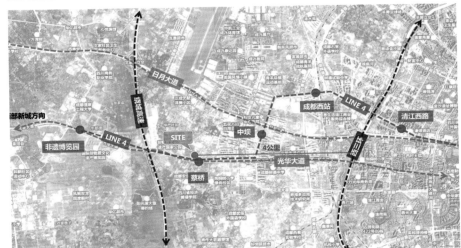

材料应用说明 | 该场景选择木色材料，营造出古色古香的观感，大气而庄重，也饱含着对中国传统文化的尊重和传承。

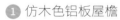

① 仿木色铝板屋檐

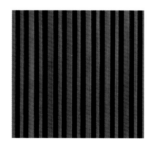

② 木质格栅

③ 仿木色金属格栅

④ 黄锈石花岗岩

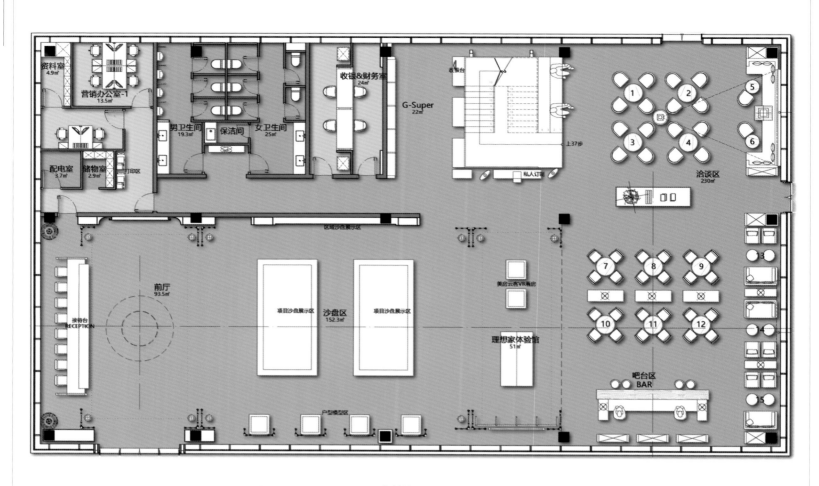

售楼处平面图

① 金属屋檐

② 山水纹石材

材料应用说明 | 室内选材以深色系材料为主，营造出静谧典雅的空间氛围，实现了现代材料和古典气韵的完美结合。

样板房户型图

新古典

新古典风格，

源于西方派艺术风格，

它有着天然的高贵基因，

用极其繁琐的装饰表达空间的奢华与优雅，

更能通过其多线条蜿蜒的设计路线，

为生活铺上优雅的"红毯"。

它以"形散神聚"为要领，

在注重装饰效果的同时，

用现代手法和材质还原古典气质，

将怀古的浪漫情怀与现代人对生活的需求相结合，

具备了古典与现代的双重效果。

它以其优雅、唯美的姿态，

平和而富有内涵的气韵，

让古典的美丽穿透岁月，

在我们的身边活色生香。

上海·桐南美麓

佛山万科美的·西江悦

生态花园　诗意栖居

上海·桐南美麓

开发商：东原地产、碧桂园集团、中南置地 ┃ 项目地址：上海市奉贤区南桥新城金海公路与广丰路交汇处

用地面积：87 916.4 平方米 ┃ 建筑面积：233 680.1 平方米 ┃ 容积率：1.8 ┃ 绿化率：35%

建筑设计：上海柏涛建筑设计咨询有限公司 ┃ 景观设计：安琦道尔（上海）环境规划建筑设计资源有限公司

室内设计：深圳市则灵文化艺术有限公司、上海联创建筑设计有限公司

主要材料：穿孔铝板、金属杆件、铝板、超白玻璃等

　　上海·桐南美麓是由东原、碧桂园、中南三大房企联合打造的生态科技人居大盘，凭借地块得天独厚的自然资源，精心打造生态科技社区，产品涵盖高层公寓、多层洋房及叠加别墅。

　　项目采用纽约中央公园的设计理念，最大限度地利用地块的自然资源，在空间上设置"中高外低"的布局，构思三级公园环绕的模式，将生态资源完美融入到社区生活中，打造多元化、多层次的公园体系，并以醇熟的设计手法构建清新典雅的新亚洲建筑形象，优化区域的天际线和城市界面，为久居都市钢筋水泥森林中的人们筑造一座自然、诗意的生态公园住宅。

东原
为 新 的 每 一 天 ┃ 改善系

区位分析

桐南美麓坐落于奉贤区南桥新城金海公路与广丰路交汇处，为南上海生态核心区，毗邻南桥中央公园、上海之鱼和奉浦四季生态园等，坐拥天然水景，生态资源得天独厚。此外，项目周围有 BRT 和 5 号线南延线环绕，交通便利。

规划设计

项目规划重点在于最大限度地利用地块的自然资源，让产品与生态融为一体，因此采用纽约中央公园的设计理念，以外围低密度别墅、中间高层的布局形成一个社区内的中央公园，整个空间逐渐向城市渗透，打造多层次、多元化的公园体系。

在总体布局上，地块中央布置 18 层高层住宅，将多层住宅置于基地周边，形成四周低中间高的整体空间布局。中央部分以绿化带和道路广场作为联系的纽带，形成一个整体的居住空间。每个城市街角及主入口均设置半开放的街角广场，在其中打造优美的景观环境及小品，作为休闲及活动场所。别墅组团则设有组团口袋公园，为组团住户提供半私密活动场所。

建筑设计

建筑主体造型立足于住宅的可识别性和大众的认同感，采用新亚洲风格的立面和坡屋顶的造型，清新典雅。在不同的建筑功能设计与建筑体量设计上，项目力求做到风格的统一，同时又蕴含各自的建筑个性与特色。立面用色选用暖色的深浅搭配组合，并结合窗套、檐口、栏杆等细部的雕琢，使之端庄而不失亲切，精致而不繁琐。

景观设计

项目景观根据整体规划特点采用了纽约中央公园的设计理念，并融合东原"童梦童享"的特色，打造三级公园环绕的绿化体系，包含一级城市公园、二级社区公园和三级口袋公园，为居住者提供不同私密程度的户外空间。

麓，本意是指鹿生活的地方，是在有树林的山脚下。实体示范区充分表现桐南美麓的主题，以现代的设计手法，糅合科技和艺术感，精心设计茂密的植被、花形的精神堡垒、现代的麋鹿雕塑、浪漫的河滨、掩映树丛间的灯光以及树屋主题的儿童乐园，营造饱含人性化关怀的公园式住宅。

售楼部设计

售楼处建筑顶部采用简洁明快的体量，表达头部的庄重感，并使用大面积金属装饰板，增强项目感；中部简洁的线脚压顶，产生舒朗的延伸感，搭配水平向的阳台板，增加轻盈与稳定的视觉；基座进行重点强化，以丰富的线脚肌理突出精美细节与品质价值感。

售楼处门厅以"风"为主题，入口绿植与雕塑的搭配向来来者描绘了这样一幅画面：微风轻拂，草色青青，一对亲密的梅花鹿带着它们的孩子悠然觅食，营造亲切的归家体验。水吧洽谈区将售房部的营销功能隐而内藏，取而代之的是舒适的服务体验与符合人群艺术品味的环境设计。

室内设计

上叠样板房延续了项目自然生态、以人为本的人居空间设计思路，以现代西方美学艺术为蓝本，采用主次有序的空间规划，虚实相间，层层推进。整个空间以尊贵香槟金色与高雅的藕粉色作为点缀，通过明暗冷暖对比使空间产生细腻丰富的变化，营造出明快、浪漫的空间氛围。餐厅、厨房、客厅被巧妙地设计在同一个空间中，最大程度地满足了家人之间的交流需求。

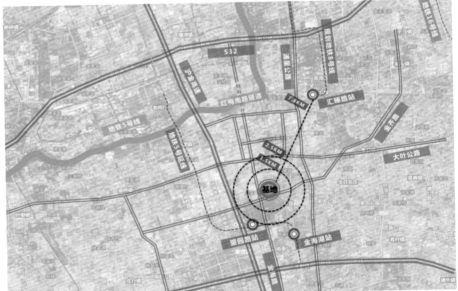

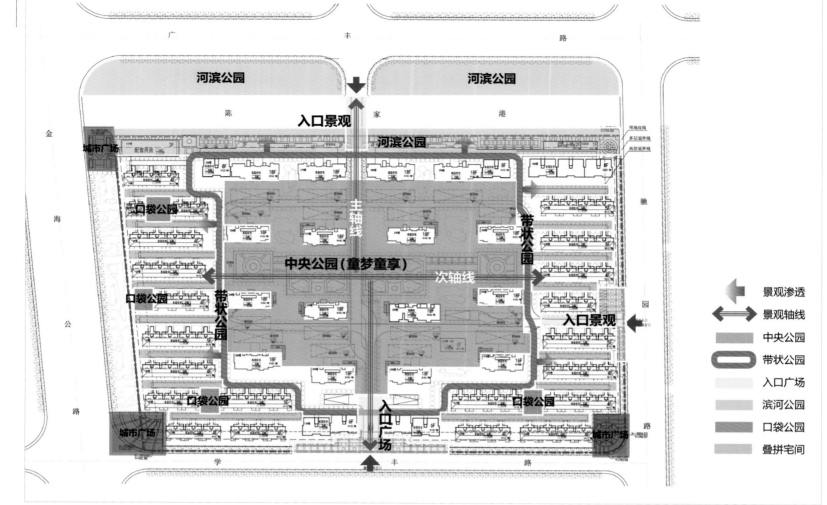

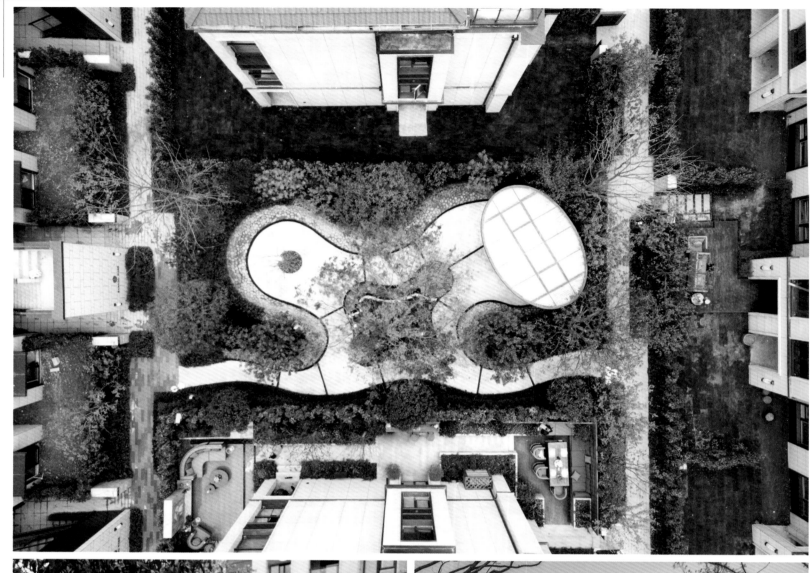

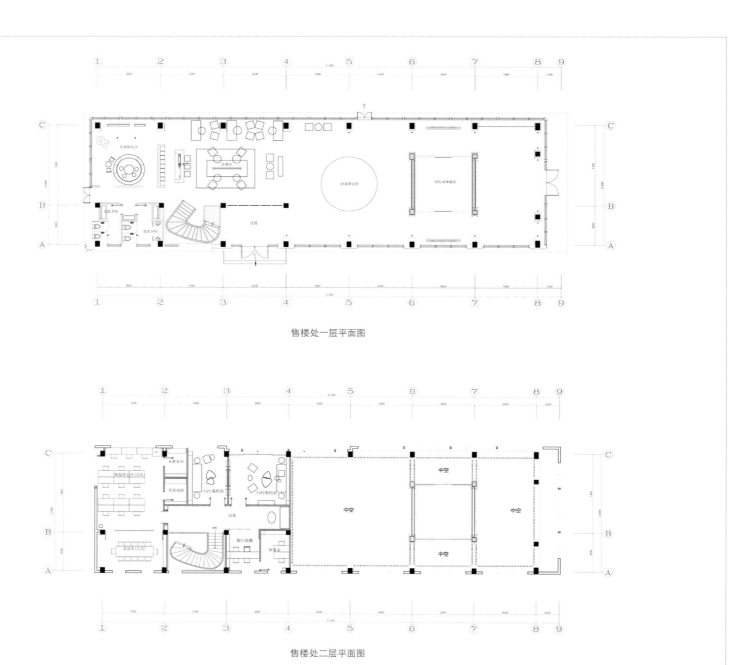

售楼处一层平面图

售楼处二层平面图

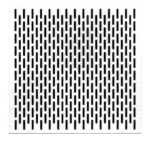 **1** 银白色穿孔板

 **2** 银灰色金属杆件

 **3** 银灰色铝板

 **4** 幻彩绿花岗岩

材料应用说明 售楼处顶部采用大面积的金属装饰板，表达头部的庄重感，穿孔铝板的设计配合光影变化，给人们带来丰富的视觉体验。下方以超白玻璃为主材，增加轻盈之感，与上方的"厚重"形成强烈的对比。

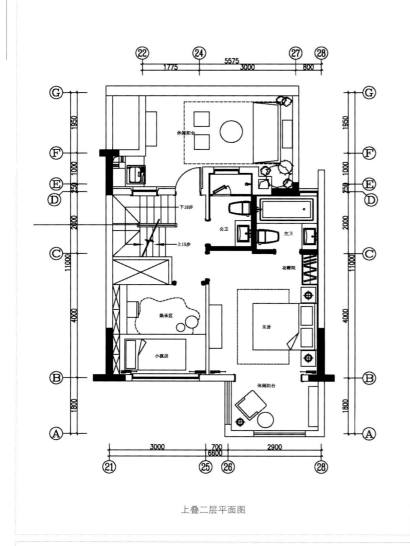

上叠二层平面图

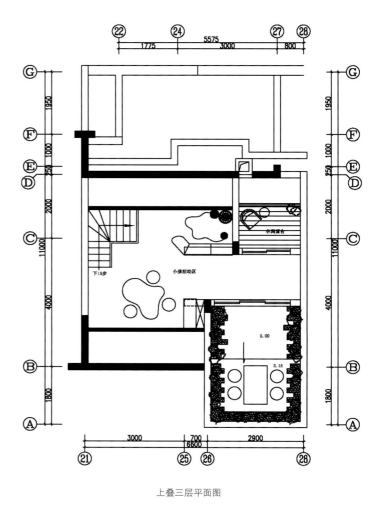

上叠三层平面图

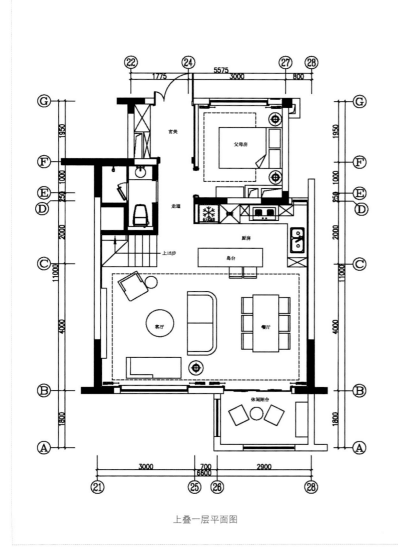

上叠一层平面图

都市地标 恢弘大气

佛山万科美的·西江悦

开发商：万科地产、美的地产 ｜项目地址：佛山市高明区西江新城

占地面积：约 100 000 平方米 ｜建筑面积：约 388 000 平方米 ｜容积率：3 ｜绿化率：30%

建筑设计：上海都易设计院、广东启源建筑工程有限公司

主要材料：白锈石、米白色地砖、深咖色石材、金属、大理石等

　　西江悦位于佛山高明区西江新城核心位置，是万科和美的地产携手重点打造的标杆性项目。项目得益于西江新城的规划发展，享受一系列市政民生配套，教育、医疗、消费、政府服务等一应俱全，将会为高明人带来更高品质的生活。项目整体临江矗立，城与水有机共生，其建筑采用对称布局，庄严而有序，并以 39 万平方米的庞大体量彰显"城主"的身份。

　　项目示范区延续大区设计，采用对称式布局，给人规整有序之感。其建筑采用典雅的新古典主义风格，以细节刻画造就领事馆般的宏伟壮观，展现了极其高贵、华丽的建筑形象；同时运用轴线景观手法造就气势，营造庄严的仪式感。

vanke 万科 ｜ 悦系

区位分析

佛山高明区西江新城是"广佛都市圈""广佛肇经济圈""粤港澳大湾区"的重要组成部分，也是高明政府重点打造的集智慧创新之城、魅力休闲之城和生态宜居之城于一体的"山水智都"。万科美的·西江悦择址于西江新城核心启动区，不仅坐拥西江景观资源，还畅享新城政策利好以及其规划带来的便利，发展前景十分可观。

定位策划

万科美的·西江悦由万科、美的两大地产携手打造，致力于提高高明生活标准。项目采用新古典主义风格，有机融合西江水，以 39 万平方米建面的庞大体量的建筑与西江新城恢弘大气的城市格局相协调，打造标杆性的地标建筑。

建筑设计

项目住宅采用对称布局，百米中轴线的两边矗立着高层建筑，气势磅礴，给人一种纵深感、序列感和领地感。建筑立面以竖向线条为主，用几何图形来代表立体派理想，表现出建筑的挺拔端庄，辅以横向线条和窗洞口变化，增强丰富多变特性。同时，窗洞口规律变化，缓和了建筑的沉重感，使得建筑更像拔地而起、高耸入云。所有的梁、窗、窗间墙是内敛的，辅以有规律的柱体外凸，形成向上的力量，从而产生非凡的气势与视觉效果。

示范区设计

示范区与整个项目的对称布局形成一致的风格，给人规整有序的印象。营销中心和商业街轴对称布局，结合轴线景观手法造就气势，营造庄严的仪式感。

建筑采用低调而奢华的美式大都汇风格，结合现代新古典的装饰手法。主入口以典雅白锈石为主，加以深咖色点缀勾勒，描绘出欧洲贵族气息，象征着高贵与奢华，细节上的修饰更展现出其典雅气质。

建筑石材的质感、地面拼花的明亮和对称式布局给示范区带来了宽敞明亮、尊贵典雅的效果，但同时也造成了参观者的视觉疲劳，为缓和这种情况，设计师在轴线上布置了景观喷泉，改变了环境呆板、一成不变的单调，潺潺的流水声和喷溅的水花为整个场景带来了生气，与地面拼花、花草和建筑交相辉映。

售楼处设计

前厅作为形象的昭示，其设计秩序而规整，色调主要以金色系和深咖色为主。门口两边站立着"武装战士"，庄严而威武；全透明壁灯配以香槟金箔的门框、深咖色地砖，彰显大宅风范。

进入大堂，首先映入眼帘的是偌大的沙盘，抬头仰望，10 米高的上空点缀着"璀璨星光"，中空悬挂着矫若游龙的灯饰，整个空间气势豪迈又不失艺术气息。

经过大堂，进入体验中心，里面展示的是万科深耕房地产多年的研究成果及产品，旨在为客户提供一个方便沟通交流的体验式场景。

穿过体验中心，来到开放式螺旋楼梯前。从技术层面看，这种楼梯没有承重墙，受力奇妙。从艺术层面看，简约中带有流动感，以柔和的动态感营造了一种豪华低奢的气氛。回旋中央是多个滴水形状的吊灯，吊灯参差不齐，色度不一，仿佛悬在半空的雨滴，创造了一种"似动非动"的动感艺术。

洽谈区没有华丽的灯饰，有的是橙黄而不明亮的一字式吧台吊灯以及零星的天花筒灯。灯光的柔和设计，以及横平竖直的简单视觉效果，旨在创造一个宁静、不受干扰的环境给客户交谈和休息。儿童游乐场设置在洽谈区的不远处，既为儿童提供娱乐项目，也能让家长更好地看护孩子。

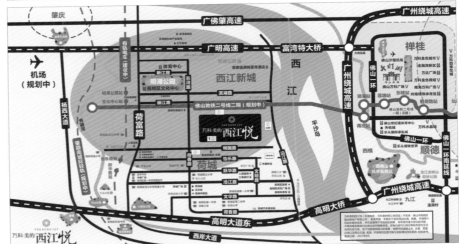

① 白砂石

② 深咖色真石漆

③ 金属造型

④ 中国黑石材

材料应用 说明 || 示范区主入口以典雅白砂石为主，加以深咖色点缀勾勒，提高了尊贵感，展现了高雅气韵。整个景观喷泉采用金属与黑色石材的搭配，考究的用料加上灵动的线条，细节处彰显尊贵品质。

卫生间

卧室

阳台

A/C

A/C

卫生间

玄关

客厅

餐厅

主卧室

厨房

A/C

阳台

D 户型平面图

现代极简

现代极简风格，

起源于现代派的极简主义，

它简约，

却恰到好处地表达充盈，

静默无声，

却蕴涵着无限的生命张力。

它从务实出发，

删繁就简，去伪存真，

以色彩的高度凝练、造型的极度简洁，

在满足功能需要的前提下，

将空间、人及物进行合理精致的组合，

用最洗练的笔触，

描绘出最丰富动人的空间效果。

诗一般的写意留白，

尽抒东方雅致意韵。

广州保利·星海小镇

重庆中交·中央公园

广州保利·紫云售楼处

广州华润·天合

杭州禹洲·滨之江

理想的文艺小镇

广州保利·星海小镇

开发商：保利地产 ▎ 项目地址：广东广州南沙区
占地面积：120 200 平方米 ▎建筑面积：300 500 平方米 ▎容积率 2.5 ▎绿化率：30%
建筑设计：上海霍普建筑设计事务所股份有限公司
景观设计：广州华誉景观工程设计有限公司
主要材料：穿孔铝板、浅灰色石材、黑钢、预制混凝土、玻璃等

　　广州保利·星海小镇位于革命音乐家冼星海的故乡，这里汇集了各种艺术文化。在这样的环境下，保利·星海小镇也沾染了文艺气息，以简洁清新的文艺风呈现，通过朴实的材料完成具有潮流感的建筑设计，在创造东方意境的同时，还原家庭最真切自然的生活气息。

　　在"私人定制个性化"的时代，保利·星海小镇也顺应时代潮流，结合自身地域情况，根据当地客户需求进行了相应的设计，首创"拾趣盒墅"，其具备丰富的可变性，通过技术设计创新给建筑带来新的表情与温度，开启了一场对传统人居模式的新的探索，为业主量身定制无忧的小镇生活。

⊘保利®地产 ▎ 刚需系

布局规划

项目由四块用地组成，北地块为纯高层住宅与配套幼儿园，中间地块为配套小学，南侧两块土地由高层和别墅产品构成。地块相邻之间用商业街来形成社区活动中心，并对城市道路积极参与营造形成街心公园，使项目成为更完整的一体。

建筑设计

项目紧跟颜值潮流，外立面从"新亚洲"风格定位，经过若干轮调整，最终调整为公建化带有东南亚时尚风格特征的现代东南亚风格。设计者在风格深化研发的过程中，在"住宅立面公建化"、"平面对称立面非对称化"两个难点上下功夫发力，最终的立面呈现最少化"非标"销售户型，同时充分发挥了该风格通透轻盈的特征。

建筑的外观采用的是一系列非线性切割的几何块面，经过削切，拼接成型，塑造一种韵动的建筑画面，并最大范围采用定制图案的穿孔板，通过对孔率的控制，来使室内内容若隐若现，使整个建筑体现出一种东方的朦胧美。

材料控制上，项目大胆采用了公建化的材料体系，通过装饰化仿木纹材料、灰色面砖和浅色面砖等新材料来强调体块的构成，仿木纹的自然气息使得建筑与景观更加和谐，面砖的应用又恰如其分地体现了整体建筑的现代感。设计者经过对东南亚新建筑的研究，将新细节和做法结合国内规范落地，最终的立面形成了"阳光、高对比度、放松"的效果。

景观设计

项目整体景观设计呼应建筑的现代风格，设计风格为：现代、简洁、纯净。从建筑延续到景观，几何线条的韵律感与极简主义的构图，使星海小镇的园林景观饱含时尚气息，跳动着音乐家故里独特的优美韵律，呼应着小镇建筑独特的现代气息。

从小区外部的生态景观、到园林步道曲径通幽的植被景观、再到走近家门时豁然开朗可见的楼房，一环扣一环，构成了一个完整的景观线。内庭禅意空间的精致打造，更是将艺术带进生活与之融合。

同时，项目尊重每一位业主的生活方式，把对于生活的理解融于社区内的空间里，所有的景观空间服务于人的活动。婴幼儿、学龄儿童、中青年、老年人，都可以选择最适宜的活动场地空间。

样板房设计

保利·星海小镇首创"拾趣盒墅"，采用"理想之家"为命题去构思设计，融合了设计对艺术的创作，对理想的规划和对家的要求，展现一个连接了艺术及个性化的空间。

盒墅的所有承重结构均安排在四周围合结构上，室内预留了宽敞的空间和超尺度的层高，除了普通别墅产品的横向变换以外，还增设了纵向变换空间，多一层、少一层，全凭业主的喜好而定。业主可以根据个人实际需求，尽情地布局室内平面或调整夹层高度。

整个别墅纵向切分为左、右两个层次：左侧为楼梯、洗手间等实用功能为主的设计，串起了四层居家场景，同时为了避免空间的乏味感，"玩"出了一个清透且略带偏转的楼梯，并由此产生了一面9米高的攀岩墙；右侧基本上每层空间都代表了一个时间段的生活舞台，自下而上从众乐到私享，每个空间的情感氛围也有着耐人寻味的差异。

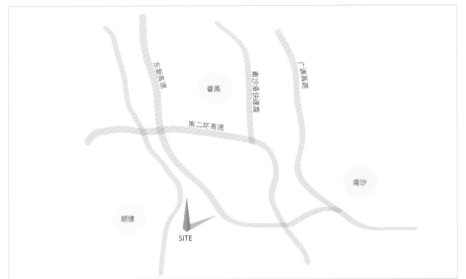

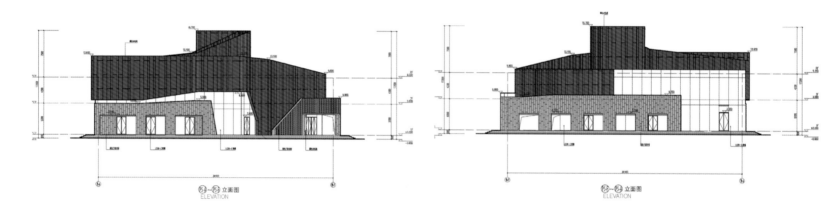

售楼处立面图

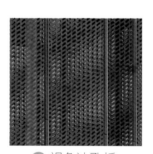

❶ 褐色冲孔板

❷ 浅色干挂石材

材料应用说明 穿孔铝板的应用使室内与室外空间形成一种联动，从室外望去，室内内容若隐若现，体现出一种东方的朦胧美；石材的应用则给建筑增添了几许硬朗的气质，与穿孔铝板形成一刚一柔的绝妙搭配。

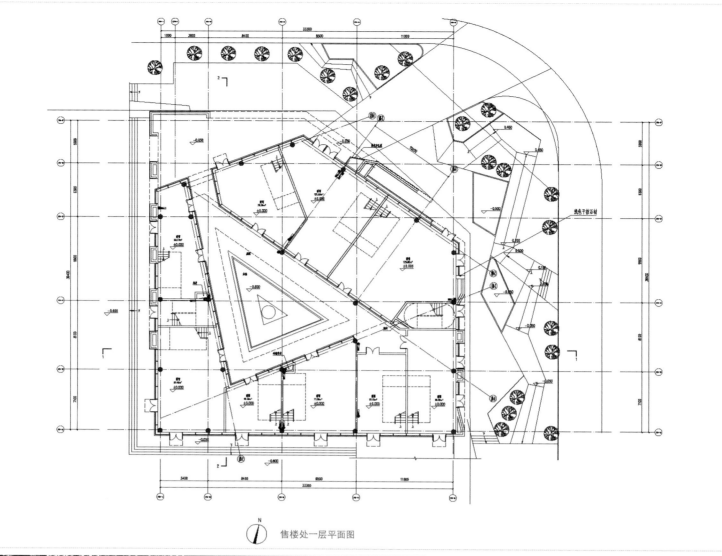

售楼处一层平面图

别墅三层平面图

别墅二层平面图

别墅一层平面图

别墅负一层平面图

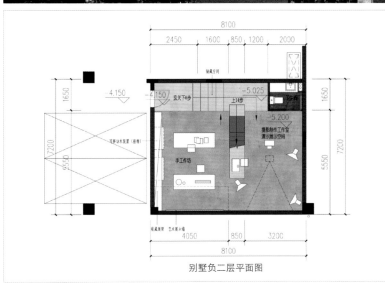

别墅负二层平面图

空灵之境 简约之美

重庆中交·中央公园

开发商：重庆中交西南置业有限公司 ┃ 项目地址：重庆两江新区中央公园东侧
占地面积：518 493 平方米 ┃ 建筑面积：1 926 791 平方米 ┃ 容积率：2.71 ┃ 绿化率：32%
建筑设计：gad 建筑设计 ┃ 景观设计：重庆佳联园林景观设计有限公司
室内设计：重庆尚壹扬（SYY）装饰设计有限公司
主要材料：铝合金、超白玻璃、金属、木材、大理石、不锈钢等

　　重庆中交·中央公园位于两江新区，紧邻重庆中央公园，资源得天独厚，定位打造成国际、时尚、艺术的大型城市综合体。作为未来的城市大社区，中交·中央公园将人文艺术、自然风光等融为一体，以时尚、格调展现品质生活，打造住宅、商务、商业等全业态产品，为重庆开启公园都会生活模式。项目售楼处伫立在静谧的镜湖水面上，犹如一叶扁舟浮游其上，打造出一个空灵的浮游之境。其采用极简主义建筑理念设计，立意"山水·诗意重庆"，力图通过抽象和写意的手法体现大山大水的重庆地景特征和人文情怀，为重庆呈现一座具有"超现代"意味的建筑。

中交地产 CCCG REAL ESTATE ┃ 改善系

区位分析

重庆中交 · 中央公园位于国家级新区两江新区核心区域,地处亚洲第一、世界第三大开放式城市公园——"中央公园"旁。项目坐享轨道、航空、路网三维立体交通体系,四横四纵快速干道通达全城,多条轻轨线路布局,距离机场不到 6 千米,距离寸滩港约 11 千米,距离龙头寺火车站约 12 千米。此外,项目拥有区域内唯一镜湖水系,自然资源丰厚。

示范区设计

景观设计

入口处,临时建筑的高度限制使得建筑无法在竖向体量上形成城市级的地标昭示性,因此设计师通过水面水平延展建筑,形成一种半岛式景观,把建筑最大化的呈现在城市界面上。

示范区前场通过石材的研磨、浅雕形成瀑布山涧、池塘芦苇丛,仿若一幅山水画卷,彰显静态美;到了夜晚,设计师运用电子光影虚化缥缈的方式进行叠加,让场景的描述增加厚度。

中庭运用"留白"与"墨分五色"的手法,以白为基调,并通过水的深浅、石材的颜色、光影的叠加和材料的肌理等变化模拟墨色疏淡。

后场取自苏州"留园"的一角,曲径通幽、以草为水、以廊当榭、以森林中的小动物化作太湖石那拟人般的情趣之美;逐步抬升的草坪区界定了舞台展示区的边界,1.2 米高的荷池后隐藏了一个吧台区,"抬升"的手法为后庭各种"交际活动"提供了复合性的场地条件。

建筑设计

项目以"浮游之境"为题,寻觅城市一隅的空灵之境。设计以悬殊的建筑与用地面积比为切入,将建筑整体沿一层铺开,呼应中央公园的巨大尺度。主入口沿城市界面略向后退,引入大片水景和多层次绿植,形成公共开放的景观广场,共享城市。借城市道路的交角关系确定基本形体,再将基地整体抬高 2 米,表明建筑的在场,引入景观,对话自然。

六个功能不一的建筑体量围合内向型的院落空间,环绕式的动线布局,强调内场与访客的互动体验。屋顶加盖一横跨 27 米,厚仅 350 毫米的极薄金属屋檐,统摄形体要素,强化轻盈的建筑特质。

通透不一的玻璃体块,契合不同功能的场所体验,采用现代的材料和工艺做法,在光影下显现丰富的场景效果。

售楼处设计

售楼处立意"山水 · 诗意重庆",力图通过抽象和写意的手法体现大山大水的重庆地景特征和人文情怀。因原有空间较高,室内设计采用了"在建筑里又做建筑"的方式来处理空间,使得空间更贴合人的尺度,同时又把重庆复杂而有趣的城市天际线和立体的交通状况做了抽象的体现。

"山"的意向主要体现在多边形的体块的运用:入口处是实体体块,项目展示区的天花是倒挂的镂空体块,洽谈区的隔断则是更为轻巧灵动的"虚"的体块,体块的穿插运用贯穿整个销售中心,使得原有大开大合的建筑空间多了很多变化。

"水"的意向主要通过地面和沙盘体现出来。地面灰色纹理的石材通过不规则的拼贴变化,做出"水"的感觉;沙盘犹如水中的岛礁,不锈钢材质的装置像鹅卵石,整个组成一幅静态的"流动"画面。

洽谈区在室内做了架空的两层,用实体和木隔断形式把空间做了很多有趣的分隔和变化,同时又组成了"桥"的意向,使得原建筑空间过大的尺度得到了消减,让人在空间中可以更安定。

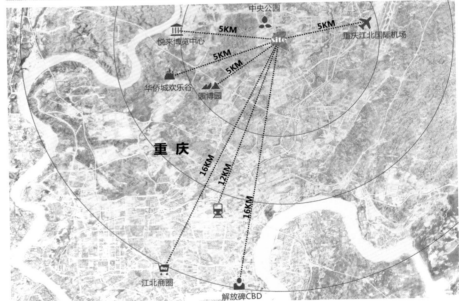

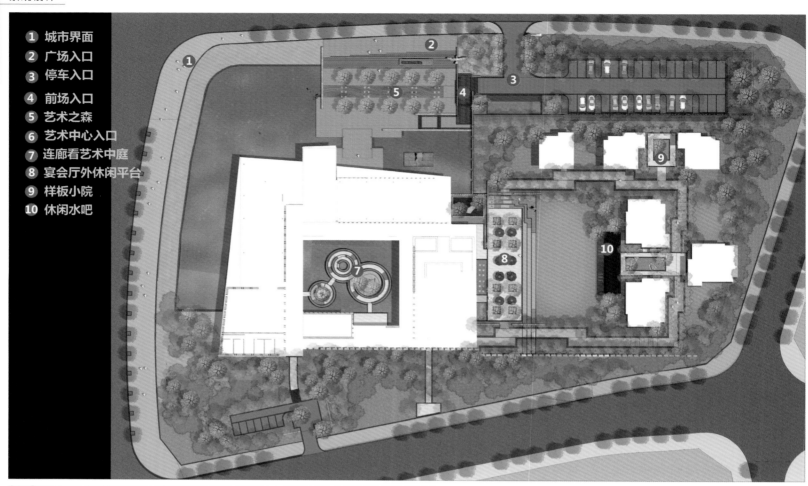

1 城市界面
2 广场入口
3 停车入口
4 前场入口
5 艺术之森
6 艺术中心入口
7 连廊看艺术中庭
8 宴会厅外休闲平台
9 样板小院
10 休闲水吧

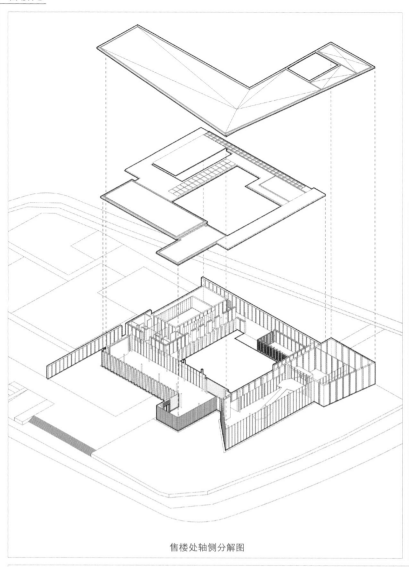

售楼处轴侧分解图

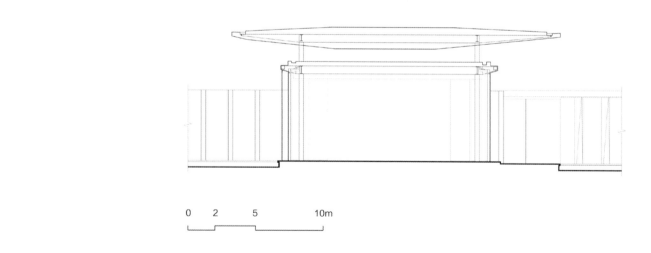

0   2   5   10m

售楼处剖面图

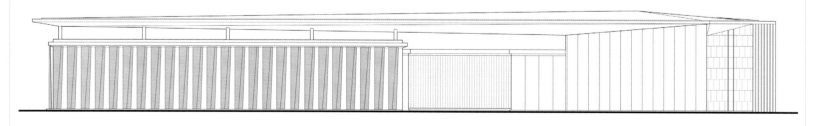

0   2   5   10m

售楼处北立面图

材料应用说明 超大面落地玻璃，实现了室内外场景的自然过渡，玻璃体块之间用灰色铝合金衔接，给人以稳固的感觉，又不显笨重；屋檐采用极薄的金属材质，统摄形体要素，强化轻盈的建筑特质。

① 灰色铝合金

② 超白玻璃

③ 超薄钛锌板

③ 芝麻灰花岗岩

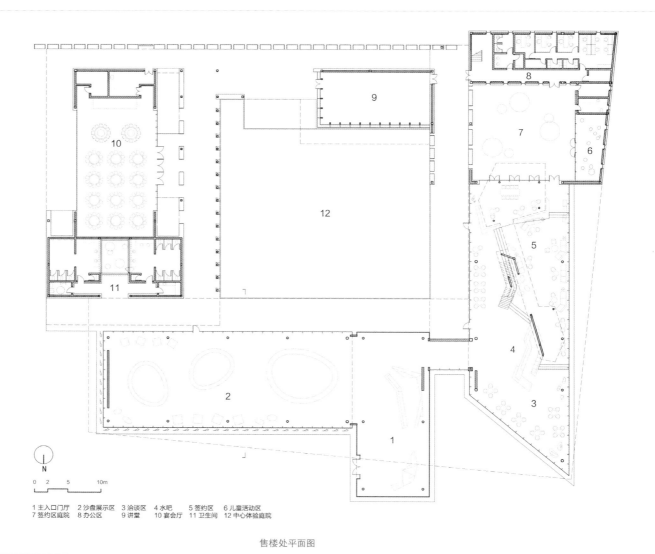

N

0 2 5   10m

1 主入口门厅   2 沙盘展示区   3 洽谈区   4 水吧   5 签约区   6 儿童活动区
7 签约区庭院   8 办公区   9 讲堂   10 宴会厅   11 卫生间   12 中心体验庭院

售楼处平面图

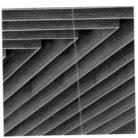

❶ 木质造型

❷ 意大利蓝金砂大理石

材料应用说明 ║ 室内以暖调木材和浅灰石材为主基调，深深浅浅，传达内敛而低调的气质。木元素的运用温润有力，成为空间最醒目的设计题材。地面的灰色纹理的石材做不规则的拼贴变化，形成"水"，沙盘犹如水中的岛礁，不锈钢材质的装置则像鹅卵石，整个组成一幅静态的流动画面。

留白空间 诉说禅意

广州保利·紫云售楼部

开发商：保利地产 ▎ 项目地址：广东省广州市白云区西苑路
占地面积：62 834 平方米 ▎ 建筑面积：298 400 平方米 ▎ 售楼处用地面积：2 550 平方米 ▎ 容积率：4.1 ▎ 绿化率：35%
售楼处建筑设计：冼剑雄联合建筑设计事务所 ▎ 售楼处景观方案及施工图设计：怡境景观
主要材料：清水混凝土、天然石材、铝合金、清玻璃等

　　在一片被推倒的水泥厂房基地上的一个临时建筑里，水泥用另一种方式延续着。整个建筑被混凝土片墙贯穿，没有披上外衣，也没有打磨光滑，保留着自身的粗犷和毛糙，既是对历史变迁的尊重，也是过去与未来的某种对话。玻璃贯穿整个空间，无需附加的结构，仿佛玻璃本身就是建筑的结构。一棵树、一潭影、一幕墙，此中自有禅意，这便是广州保利·紫云。

　　项目秉着对基地历史的尊重，以极致简约的设计，为我们诠释一座硬朗的建筑，在喧闹之地营造特立独行的都市气息。设计上，项目极力去阐释材料的真实性，以素混凝土、清玻璃等极少的建筑材料塑造建筑通透、轻盈的建筑形象，充分诠释"少即是多"的设计理念和返璞归真的思想。

保利®地产 ▎ 刚需系

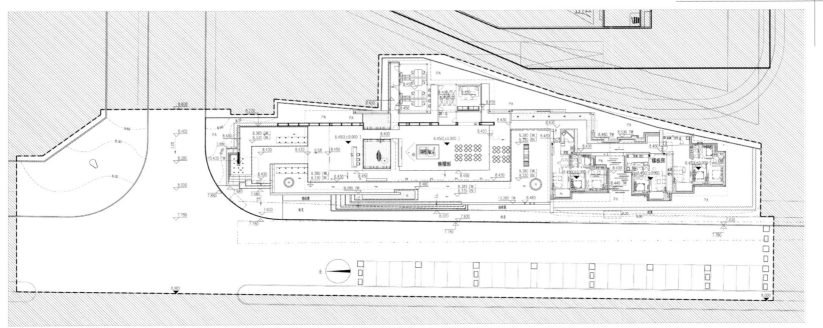

项目概况

广州保利·紫云位居于机场路西侧进棠乐路段，是龙头央企保利布局广州白云区的第九个项目，位于白云老城区百信商圈内，毗邻白云新城商圈，双核心商圈交汇，生活配套应有尽有。项目基地原始状况为广州市水泥厂房区，推倒后新建为住宅区。售楼处建筑面积 700 平方米左右，包括展示厅、接待厅及附属的工作用房。其设计秉着对基地历史的尊重，以混凝土片墙元素整合整个建筑。

设计理念

建筑不仅是一个展示对象的容器，它本身也是展示的一部分，展示自我，展示真实，展示生命的延续。清逸起于浮世，纷扰止于内心，走进另外一种生活状态，让流淌的时光稍稍停留，沉浸在极致的景观空间中，回归一种超然脱俗的意境。基于此，去冗返简，回归"初心"的设计理念贯穿于保利·紫云的建筑、景观、空间中，设计师试图寻求一种极致的均衡和简洁创造一种灵活多变的流动空间，让空间细部更为简练、精致，以空间留白诉说禅意。

基地分析

项目基地原始状况为广州市水泥厂房区，建筑受限于不规则的基地环境，且用地紧张：用于接待及展陈的主体建筑（展示厅）占用了大部分基地，同时还需增加附属办公、VIP 接待及样板房等功能体块。

规划布局

设计师将三角形用地抽象分割，把各功能体块以构成主义的元素提炼组合，强调秩序与流动性，形成线面结合的动态空间。同样的方式可以无限扩展，应用于不同项目，实现建筑处理的模块化。

建筑设计

售楼部建筑设计灵感来源于设计大师密斯·凡·德·罗最著名的作品巴塞罗那德国馆，体现简洁、没有过度装饰的设计理念，呼应项目打造的现代简约的生活方式。

材料的应用上，售楼部根据场地特色和项目名称立意，选择清水混凝土材料作为售楼部主景墙，片墙的模板选用两种不同宽度的实木条错缝拼贴，形成凹凸有致的自然肌理。建筑其他片墙和和园林景墙统一选用了有紫色云状暗纹的天然石材，与项目案名呼应。

空间营造上，混凝土片墙在空间整合上起主导作用，与无框落地玻璃幕墙互相映衬，从而使室外的水景和庭院景观得到最大延伸，室内、室外形成无界的状态。人在售楼部入口处就能透过通透的门厅和室外庭院，看见树影倒在陈展大厅石墙上，感受到空间的层层渗透。屋顶条形天窗形成的建筑光影投射到混凝土墙面上，为氛围的营造增加了一重维度。

景观设计

建筑以混凝土片加玻璃组成，阐释着"少即是多"的东方禅意。在这个前提下，景观以一种低调的姿态介入场地之中，正如"留白"带给人的哲学思考，言不在多，点到即可。粗糙的水泥材质和温柔的软景相互影响，点线面与黑白灰的简单结合，营造场所的纯粹与宁静。

项目提取山、水、石等简单的景观元素，以抽象的手法营造极具现代感，简约而富有深意的空间。不规则的场地和方正的建筑将场地内切成八个小区域，各有特点又互相融合。从入口的大气庄重到院落的亲近自然，富有秩序的环境使人忍不住的想要一步步探寻。流动的水，静止的院落，又成了一道风景。

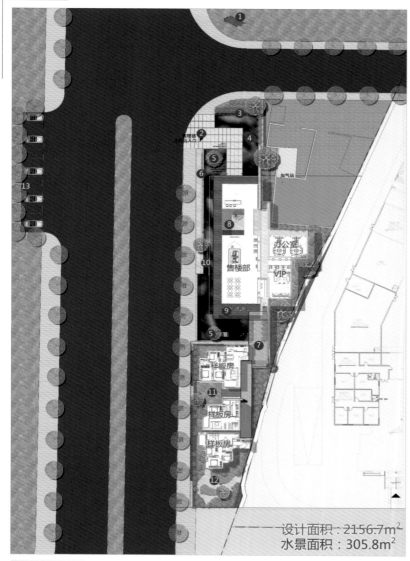

设计面积：2156.7m²
水景面积：305.8m²

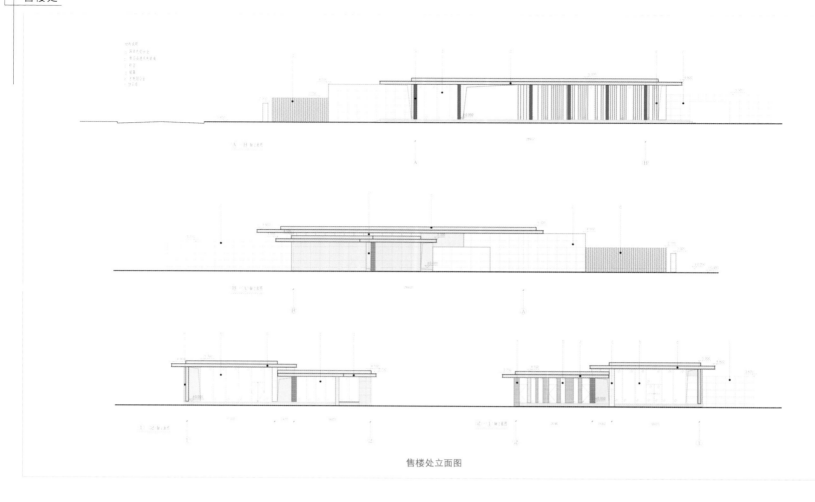

售楼处立面图

① 紫铜色铝合金

② 深灰色铝合金

③ 清玻璃

④ 清水混凝土

材料应用说明 项目在材料的使用上充分诠释"少即是多"的极简设计理念，金属材质赋予项目简洁干练的气质；清玻璃则塑造了通透、轻盈的建筑形象。

材料应用 说明 | 项目设计中采用大量清水混凝土以呼应场地文脉，粗糙的清水混凝土材料与温柔的软景相互影响，营造出纯粹与宁静的场所。

城市合院 台地花园

广州华润·天合

开发商：华润置地 ┃ 项目地址：广州市天河区天合三街 9 号

占地面积：59 887 平方米 ┃ 建筑面积：190 659 平方米 ┃ 容积率：2.1 ┃ 绿化率：35%

建筑设计：华润天合设计团队

主要材料：铝板、铝合金、石灰石、大理石、艺术玻璃等

　　广州华润·天合是华润置地首次落子广州的项目，在各个方面精益求精，集合 4 大业态，涵盖景观别墅、高层洋房、LOFT 公寓和情景街区商业，还配备泳池、商业街、商业裙楼和小学幼儿园，致力打造成独一无二的综合性产品。项目占据地块优越的位置，拥有极佳的南向景观资源，因此结合地形特点采用北高南低的三台地设计，最大程度优化各个空间的景观视野，同时保护区域的生态环境，实现人与自然的和谐共处。

　　成熟稳重的别墅，简约明快的洋房、公寓、商业街结合错落有致的台地设计，以及精心的景观园林，营造出一个生态健康、舒适便利的生活空间。

华润置地 ┃ 刚需系
品质给城市更多改变

区位分析

"天河最后一块宜居地"——华美牛奶厂地块位于广州天河区东部，由华润置地、龙湖、招商和金地4大开发商联袂开发，成为广州市场备受瞩目的天河国际社区。华润天合即位于该地块的第一排，南向景观资源优越，临近天河公园、华南植物园、火炉山森林公园等生态资源，距离天河中央商务区直线距离约11千米，距离建设中的广州国际金融城直线距离约7.5千米，周围服务配套设施丰富，紧邻奥体中心、世界大观和广州科学城，以及高德美居购物中心、吉华购物中心、凯胜商业广场等大型商业设施。

建筑设计

项目充分尊重原始地形的山体特征，利用若干台地的做法处理高差，并通过缓坡连接各不同标高的台地，从而合理解决场地坡度，最大限度地减少土方开挖及由此造成对原有地貌的破坏。

住宅建筑立面以新古典风格为主。高层采用三段式造型，线脚丰富且奇偶层具有变化。合院别墅首层二层采用石材门套，柱式线条丰富，进退有序；三层以上采用铝板窗花、挑檐以及凹凸肌理的饰面。整个建筑线条挺拔，体块饱满，既保有精雕细琢的细节，又拥有循序渐进出层次，丰富而不杂乱。商业建筑以玻璃幕墙为主，而高层少线脚但强调体块的进退，整体为现代风格。

景观设计

在景观规划上，高层区中心花园与宅间绿地形成了S形景观轴线，底层架空进一步增加了景观轴线的连续性；低层区中央景观轴与住区入口主轴合而为一，串联中心花园与城市花园；北侧沿街B1层的报建地下自行车库在实际设计中露天敞开，形成从连接沿路绿化带和住区中心花园的退台景观。

设计师以"巴比伦花园"为概念，通过悬浮、挑台等方式，借用水景和台阶重现中世纪巴比伦空中花园。项目还引入多种名贵花草，加以专业严谨的布局设计，呈现四季皆宜的美景。

合院别墅利用地形特点设计私密的院内空间，采用前中后三进庭院，每个庭院分别对应室内的主厅、餐厅、家庭厅，通天接地。四水归堂的中庭范围合布局，有聚财之义，是画龙点睛之笔。

售楼处设计

售楼处整体呈开放式的空间布局，又各自独立的洽谈区域，将东方的包容态度融入空间布局中，设计上以简洁的横向和纵向线条结构，搭配优美弧线的旋转楼梯，展现空间的简洁与精致，更结合点状、带状情境光源，凸显山水屏风、花艺软装衬托主空间的东方意境之美，隐喻内敛中蓄势待发的生命力。

主空间墙面红直的金属条排列与建筑外观相呼应，局部的挖空，用以透出光线，寓意着正直、沉稳与突破，正如华润企业传达的精神，追求品质，不落俗套，坚持自我精神价值体现。墙地面均臻选古罗马灰拼接、局部点缀孔雀蓝玉、黑白根等天然石材，搭配别具一格的工艺玻璃，在光线下呈现出如流水般波光粼粼的水纹效果。

户型设计

户型上，华润天合首先锁定面积段，再通过大量的客户访谈、归纳出户型敏感点并排序，然后结合敏感点设计出客户满意的户型。别墅和高层均采用南向采光、南北对流的设计，户型以3-4房为主，每个功能空间的面宽尺寸舒适有度，满足了业主全生命周期的要求。所有产品都设计了玄关和南向的景观阳台，并配置两个卫生间。四房产品均有入户花园和主人衣帽间；三房产品均有生活阳台。

① 铝合金成品檐沟

② 铝合金格栅

③ 保加利亚沉香米黄石材

材料应用说明 合院别墅首二层采用石材打造厚重的体量感，三层以上采用铝板格栅、挑檐体现轻盈。整个建筑线条挺拔，体块饱满，循序渐进出层次，简约而不简单。

材料应用说明 墙地面均臻选古罗马灰拼接而成，营造开阔而宁静的空间氛围，局部点缀孔雀蓝玉、黑白根等天然石材以及艺术玻璃，丰富空间观感。

❶ 工艺玻璃

❷ 罗马洞大理石

❸ 古木纹大理石

❹ 孔雀蓝玉背景墙

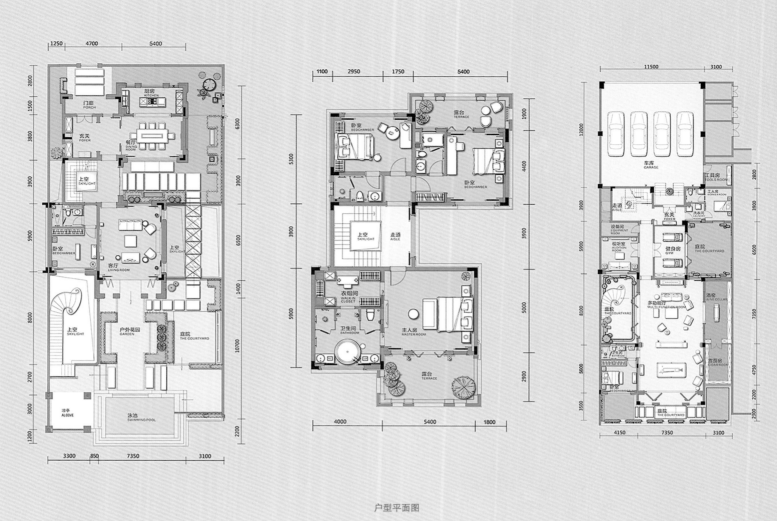

户型平面图

古韵新筑 江畔之家

杭州禹洲·滨之江

开发商：禹洲集团 ‖ 项目地址：浙江杭州西湖区

占地面积：145 330 平方米 ‖ 建筑面积：约 300 000 平方米 ‖ 容积率：2.0 ‖ 绿化率：30%

景观设计：水石国际

主要材料：火山岩洞石、中空灰玻、铝合金、铝板、木材、铝管等

禹洲·滨之江是禹洲集团进驻杭州的首个作品，将全面引进并融合海峡两岸精装住宅产品的成熟设计理念与服务标准，延续"精筑3.5价值体系"，将人文生活建造于艺术、体验、开放与服务之上，成就一个由内而外充满人文气质与艺术氛围的之江精品社区。

建筑设计上，设计团队将江南文化和场地独有的人文气质相结合，提出"古韵新筑"的设计理念，力图打造出充满文化内涵的建筑展示空间。该项目采用写意的现代中式的建筑风格，简约大方，出檐深远的金属坡屋面，虚实变化的建筑立面，轻盈的步道连廊，在光影的变换下营造出淡雅、静谧的院落氛围。

禹洲地产 YUZHOU PROPERTIES ｜ 刚需系

区位分析

杭州禹洲·滨之江位于杭州市西湖区之江板块，毗邻钱塘江畔，距离中国美院象山校区 4 千米，人文底蕴深厚且拥有得天独厚的景观资源，且周边交通设施完善，路网发达。值得一提的是，项目还坐拥前公园后花园的双园配套，南面的市政公园与园区内的景观相互呼应，形成一种内外双公园的景观享受。

示范区设计

建筑设计

示范区的设计弱化了传统销售中心显性与张扬的建筑形态，以静谧又充满东方韵致的姿态打造出具有创新性的展示空间。项目摒弃"显"的架势，而表现出"隐"的姿态，以片墙为主线，借现代化的建筑语言进行串联，以精而不奢的细节处理，谦而不逊的姿态和极具"戏剧性"的反差美学原理，实现建筑与城市的对话。

与以往的销售中心不同，禹洲滨之江售楼部一反常态摒弃了所有多余的纯装饰性元素，去繁为简，选择通过建筑材料本身的交织组合所形成的一种肌理韵味。使用火山岩洞石、中空灰玻、暖灰色铝管、木纹铝板等这些充满自然气息的元素来进行拼接和精细化的细节处理，将建筑技艺运用到极致。

景观设计

项目吸收传统园林造诣精华，从传统园林的造园格局中提取出多层递进的院落景观空间构架，形成入口大堂、主题水庭、户外洽谈、童话乐园、样板庭院"二开三合五进"的空间关系，营造循序渐进的情景化体验。入口以浅浅的水面适度

隔离消极的城市界面，整体呈现冷而不峻的特质。片墙无疑是整个建筑空间的主角，层层退后的墙体逐渐向两侧延伸，在隔离消极的场所因素的同时，界定建筑自身的功能空间。

样板房设计

多元艺术风格：A 户型（89 m²，3 房 2 厅 2 卫）以现代简约风格为主题，从"江"中提炼出水元素，运用线条与块面的现代设计手法对空间界面进行修饰，打造具有简洁、时尚又实用多重效果的空间；B 户型（89.4 m²，3 房 2 厅 2 卫）的风格源自于 20 世纪 50 年代的 MCM 风（Mid-Century Modern），外形主打柔和的几何形线条，基本以原木为基色，但也用到许多饱和度极高的彩色；C 户型（117 m²，4 房 2 厅独卫）硬装风格带有硬朗的铜条分割以及质感极强的皮革元素，在某种形式上体现了外部世界的框架感，仿佛一厅尽揽城市迷人风情。

材料选择考究：主卧配有定制衣柜，床头背景墙配以拉丝香槟金金属条状装饰，地板采用圣象木地板；卫生间地面均采用白金世纪大理石石材，墙面则采用诺贝尔仿石材瓷砖，营造高端品质；厨房的地面和墙面同样采用的是诺贝尔仿石瓷砖，且配备金牌定制烤漆橱柜。

极致的收纳系统设计：充分考虑住户的收纳需求，在每个区域都有相匹配的功能性收纳空间：入口处配置玄关、装有挂钩；厨房配上下吊柜（内置有调味拉篮，且安装西门子灶具、油烟机以及消毒柜）；主卧配衣柜且设计为男女分区收纳；卫生间则安装有可收纳镜柜及下柜；阳台配洗衣池柜。

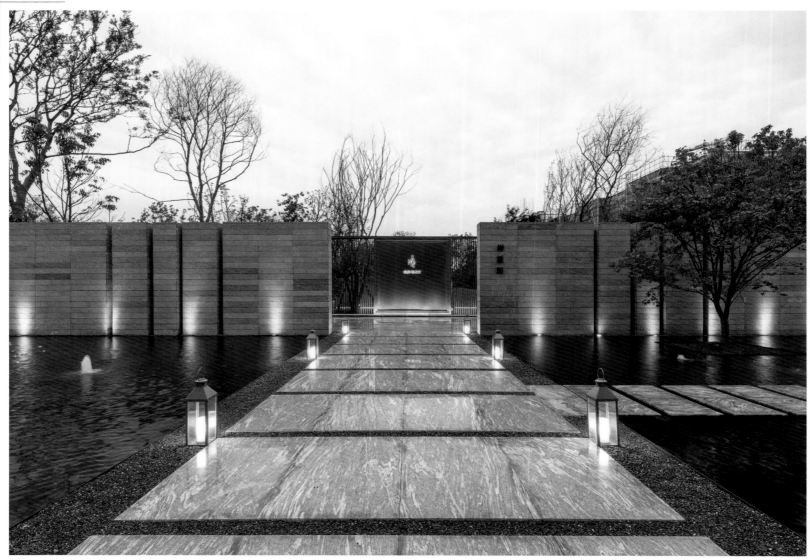

材料应用
说明 | 项目使用火山岩洞石、中空灰玻、暖灰色金属等充满自然气息的元素来进行建筑立面的设计，通过建筑材料本身的交织组合形成一种别致的肌理韵味。

1 海南黑文化石

2 幻影红花岗岩

3 暖灰色铝合金

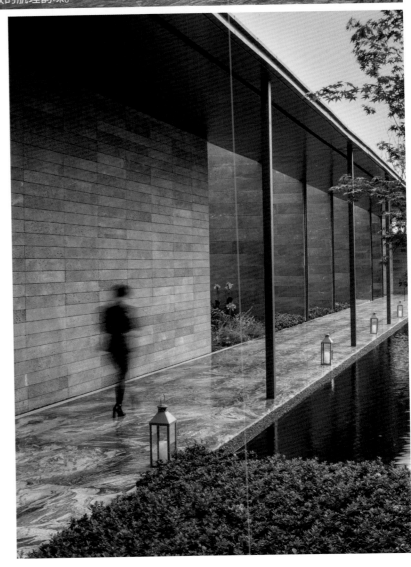

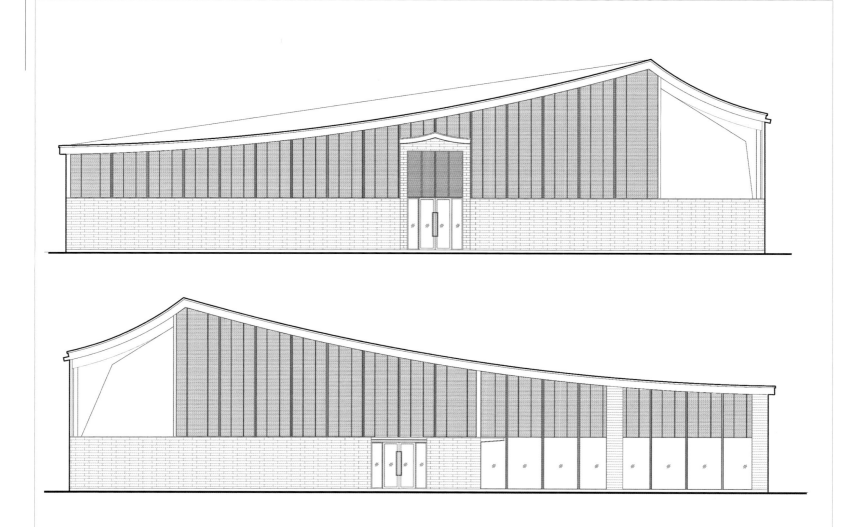

售楼部立面图

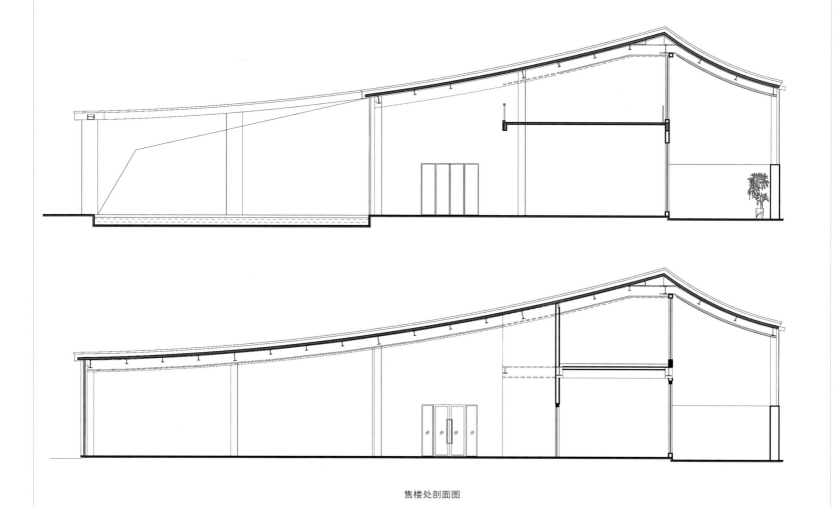

售楼处剖面图

售楼处首层平面图   售楼处二层平面图

材料应用说明 洽谈区以暖灰色材料为主，营造了一个古朴典雅的空间环境，配合柔和的灯光，整个空间显得静谧而温馨。

① 木格栅

② 木质天花

③ 暖灰色铝管

④ 黑咖网大理石

图书在版编目（CIP）数据

千亿密档：顶级楼盘示范区研发、设计、选材解密
档案．下 / 广州市唐艺文化传播有限公司编著． -- 北京：
中国林业出版社，2018.9
　　ISBN 978-7-5038-9710-8

Ⅰ．①千… Ⅱ．①广… Ⅲ．①住宅—建筑设计—中国
—现代—图集 Ⅳ．① TU206

中国版本图书馆 CIP 数据核字 (2018) 第 183650 号

千亿密档——顶级楼盘示范区研发、设计、选材解密档案　**下**

编　　著：广州市唐艺文化传播有限公司
策划编辑：高雪梅
文字编辑：高雪梅　钟映虹
装帧设计：刘小川　陶　君

中国林业出版社·建筑分社
责任编辑：纪　亮　王思源

出版发行：中国林业出版社
出版社地址：北京西城区德内大街刘海胡同7号，邮编：100009
出版社网址：http://lycb.forestry.gov.cn/
经　　销：全国新华书店
印　　刷：恒美印务（广州）有限公司
开　　本：1016mm×1320mm 1/16
印　　张：22
版　　次：2018年10月第1版
印　　次：2018年10月第1版
标准书号：ISBN 978-7-5038-9710-8
定　　价：358元

图书如有印装质量问题，可随时向印刷厂调换（电话：020-84981812）